威廉・希爾博 William L. Silber——著
方淑惠、林佩蓉——譯

逆轉效應

看似勝負已定，但為什麼總有逆轉勝的奇蹟？
抓準何時該冒險、何時該謹慎的致勝關鍵

The Power of Nothing to Lose

The Hail Mary Effect in Politics, War, and Business

謹獻給麥克斯（Max）、艾娃（Ava）、德納（Dana）、
希蘿（Shiloh），以及即將來到人世的孩子們

目錄

目錄

治療康復機率甚低者將付出龐大成本

救活病患與預防疫病孰輕孰重？

放手一搏可能贏了小利輸了大益

Part 3 無情寡義釀人禍

第7章 獲利高手vs公司殺手：惡棍交易員用你的錢梭哈

事出必有因

危險的念頭將促成放膽賭一把

無人牽制更能為所欲為

別忽視警訊，失控後不可能全身而退

只看紅利放手一搏遲早會付出代價

目錄

Part 5 心無所懼萬事成

目錄

好評推薦

「與其坐以待斃，不如放手一搏，真的能逆轉局勢反敗為勝嗎？作者在本書裡解說了許多成功的例子，也寫了不少失敗的，既然已經身處絕境，只要有贏的機會就能提振士氣。生長於台灣的讀者應該還記得穩定住台海安全的『古寧頭』、『八二三』那些戰役，以及軍教影片中『退此一步即無死所』的對白。閱讀此書的同時，可以想想在那『莊敬自強、處變不驚』的年代，當時的台灣做了哪些『慎謀能斷』的決策，創造出半導體產業這座『護國神山』。」

——劉瑞華，清華大學經濟學系教授

「希爾博在這本引人入勝、饒富趣味，讓我一看就深陷其中的作品裡，舉出古今中外許多人物在毫無顧忌的情況下做出不顧一切的舉動，包括連任的總統包庇為非作歹的密友、丟出『萬福瑪麗亞長傳』的四分衛等。希爾博指出，在情況不太可能進一步惡化時，冒極大風險確實是明智之舉。的確，此舉可能讓你成為英雄。但賭徒往往低估了孤注一擲的潛在損失，尤其這些損失可能由其他人來承擔。希爾博是全球數一數二聰明的金融教師，他知道最佳的教學方法，就是用運動、政治和歷史趣聞來包裝選擇權定價所含的艱深數學。《逆轉效應》收錄了他講述的一些精采故事——而且很仁慈地省略了數學的部分。」

——尼爾・弗格森（Niall Ferguson），美國史丹佛大學胡佛研究所（Hoover Institution）米爾班克家族資深研究員、《貨幣崛起》（*The Ascent of Money*）作者

「希爾博具有獨到的眼光，足以洞悉歷史上許多重大決定背後的動機。本書以令人著迷的手法描述了政治人物、將軍、商界大亨的冒險行為，以及他們對社會造成意想不到的影響。這本書讓我看得欲罷不能。」

——湯瑪斯・薩金特（Thomas J. Sargent），諾貝爾經濟學獎得主

「希爾博是個高明的說故事專家，本書收錄的事件從聯合抵制蒙哥馬利公車運動，到蜘蛛交配習慣，再到盧西塔尼亞號沉沒案等，這些事件都有一個簡單卻深遠的共同點：當人（或蜘蛛）毫無顧忌時，就不再需要小心翼翼。尋求庇護的難民、已屆最後任期的總統、罹患末期疾病的患者、一九四四年十二月的阿道夫・希特勒——這些都說明絕望的人們為了獲得救贖，會

如何合理化放手一搏的行為。閱讀希爾博的作品不僅可以欣賞他優美的文辭，也可以獲得他的智慧。」

——賽巴斯蒂安・馬拉比（Sebastian Mallaby），美國外交關係協會資深研究員、《富可敵國》（*More Money Than God*）作者

「希爾博透過具體事例，說明『放手一搏的勇氣』對許多撼動歷史人物的助益，包括羅莎・帕克斯和大威廉絲等明星運動員。」

——索菲亞・皮特（Sofia Pitt），全國廣播公司商業頻道（CNBC）記者

「從鮮明的角度探討孤注一擲而成功的事例。」

——《科克斯書評》（*Kirkus Reviews*）

「羅莎・帕克斯、穆罕默德・阿塔、阿隆・羅傑斯、喬治・華盛頓和阿道夫・希特勒有什麼共通點……希爾博給了我們答案。」

——《狂熱》（*Keen On*）Podcast

「棒極了。」

——托比亞斯・卡利斯勒（Tobias Carlisle），《收購者》（*The Acquirers*）Podcast

「希爾博的見解與當今的虛擬貨幣以及選擇權、NFT、迷因股及其他商品的散戶交易均息息相關。」

——《逆向投資人》（*The Contrarian Investor*）Podcast

前言

面對未知，做出高勝算、低損失的決策

過去三十年來，我一直想寫這本書，這段期間我每年在紐約大學史登商學院（Stern School of Business）教授三百多名企管碩士生。我的課程主要是探討投資人如何在股票、債券及房地產等風險資產中做選擇，但我很快就發現相同的原則也適用於總統、將軍和一般人在不確定的情況中做決定。經由分析我得出了明確的結論：「下檔保護」（downside protection）會鼓勵平常謹慎小心的人大膽冒險。請容我進一步說明。

這門課十分艱澀，學生飽經數學的摧殘，因此我在學期最後幾星期設計了一場有趣的競賽，讓學生在宛如經歷美式足球賽的猛烈跑球進攻後，仍能對這門課保持興趣。我請學生挑一支他們覺得可以在課程最後一個月獲利最多的股票或債券，若他們選擇的標的勝出，總成績可以加一．五分，若選擇的標的未能勝出，則什麼都沒有——只能得到同情。他們會如何選擇？

有些學生在過程中十分煩惱，但聰明的學生很快會發現，這就像在打賭誰能在全壘打比賽中獲勝：是三度參加美國職棒大聯盟全明星賽的戴夫・金曼（Dave Kingman），還是名人堂成員威利・基勒（Willie Keeler）？

金曼於一九七〇年代及一九八〇年代活躍於大聯盟，打擊率只有兩成三六，大約每上場四次裡會有一次被三振。而他的對手基勒則完全相反，在一八九二年至一九一〇年的十九個賽季中，平均打擊率高達三成四一。基勒幾乎每次上場都有擊球，每七十個打數才會有一次三振。但金曼時常敲出全壘打，每十五次上場就會有一次全壘打，而基勒則平均上場兩百九十一次才會擊出一支全壘打。

基勒曾經總結他的打擊哲學是：「看不清楚球路的時候，我就揮棒。」他是遠比金剛金曼優秀的打擊手。可是，在美國職棒大聯盟全壘打大賽中，沒人在乎三振次數，大家只看全壘打數。只要三次好球不會被判出局，金曼就應該每一球都盡全力打向全壘打牆，因此他是贏得這場大賽的最佳人選。

現在回頭說那場選股比賽。**沒有人能預知未來，但要選出獲利最高的個股，最佳策略就是拋開謹慎，挑選清單上風險最高的個股**——也許是某家加拿大金礦公司。波動性高的礦業公司可以在接下來一個月內帶來最大的獲利，就像一支全壘打，但也可能造成最大的損失。然而，在本課程中所有的損失不論高低都視為同一種結果。選到報酬率最低的個股，總成績也不會被扣分（雖然這也不失為一個好主意）。選股遊戲的規則限制了下檔風險，因此學生應該選擇波動性最高的投資。縱使不見得一定會贏，但贏得一．五分大獎的機率最高。

本書的故事從更廣的角度來說明相同的觀點如何激勵大膽的行動，以及這些行為如何改變歷史。每一章都各自獨立，就像一則則短篇故事，書中會描述到美國總統、戰場上的將軍、惡名昭彰的獨裁者，以及一般百姓的人生經歷。

在Part 1簡明扼要的篇章中，將以足球場上的「萬福瑪麗亞長傳」（Hail Mary Pass）及股市中的買入選擇權，來說明有限的下檔風險所帶來的影響。這些迥異的機會替四分衛及投資人帶來了有利的結果——高成功機率和低損失，鼓勵每個人把所有賭注放在如戴夫．金曼的目標上。

Part 2「一觸即發的衝突」共有五章，此部分更進一步說明當人們遇到世上最長存的問題——種族歧視、疾病和戰爭時，不對稱的報酬將如何讓平時拘謹的人變得大膽。女裁縫師羅莎．帕克斯（Rosa Parks）覺得自己已經沒什麼好失去了，於是在故鄉阿拉巴馬州蒙哥馬利郡毫無顧忌地抗議公車上的種族隔離政策，因此改正了長久存在的不公平。第一次世界大戰在一九一四年八月爆發，讓當時的美國總統伍德羅．威爾遜（Woodrow Wilson）面臨挑戰，但他不放棄爭取連任的念頭，因此造成了不必要的戰爭傷亡。另外，在講述二十一世紀尋求庇護者的章節中，將告訴讀者移民們是如何冒著生命危險逃離迫害與貧窮，但是世界各國在面對他們時，卻擺出路障來阻擋他們。〈求生vs犧牲：醫療資源該救哪些人？〉一章則描述美國總統唐納・川普（Donald Trump）雖然收到流行病的警告，卻毫無作為。

Part 3「無情寡義釀人禍」中舉出的事例，是在描述與全壘打大賽類似的人為不對稱情況，而這些情況的規則是可以改變的。例如，如果「全壘打數減掉三振出局次數」才是決定贏家的條件，就會有不同的策略出現。戴夫・金曼常常揮棒落空的習性會影響他的表現，因此謹慎的威利・基勒可能是更好的下注目標。Part 3 的故事也是同一類型，只不過影響更為重大。二戰的阿道夫・希特勒（Adolf Hitler）和倫敦霸菱銀行（Baring Bank）的惡棍交易員尼克・李森（Nick Leeson）在賭局中慘敗，結果造成所有人的大災難。然而，如果對手改變了動機，希特勒和李森或許就會收手。

Part 4「有所顧忌，改變行動」將舉出兩個例子，說明如何運用抗衡力量抵銷危險的不當行為。例如，獄方讓被判無期徒刑且不得假釋並有暴力傾向的囚犯有了在乎的事情，進而將其轉變為模範市民；而講述自殺炸彈客的章節也說明了類似的策略，這種策略或許能有效遏止恐怖分子害人的動機。

Part 5 談論比較個人面向的內容，說明無所顧忌的態度若控制得當，也可能造就成功的

事業。

原本在選股比賽及全壘打大賽中挑選贏家的原則，已經成為意外強大的武器，能用於理解人們面臨生活不確定性時所做的行為。在本書呈現的故事中，大多顯示政界、戰場及商場的下檔保護有利於「決策者」，但會損害無辜的旁觀者，造成私人與公眾利益的緊張關係。本書將批判此種附帶傷害的行徑。

Part 1

樂透般以小搏大的誘惑

第 1 章

下檔保護
讓人無所畏懼

二〇一八年五月二十七日，在德州科珀斯克里斯蒂湖（Lake Corpus Christi）一帶，四十三歲的珍妮佛・薩克里夫（Jennifer Sutcliffe）在自家後院看到一條粗壯的菱背響尾蛇盤蜷在花叢中，讓她忍不住放聲尖叫。[1]*當時她和丈夫傑若米（Jeremy）正在努力清理後院，好讓女兒及孫女在陣亡將士紀念日（Memorial Day）回來玩時，可以在外頭野炊。

傑若米聽到妻子的尖叫聲，連忙抄起鏟子將蛇頭斬下。十分鐘後他撿起被斬斷的蛇頭準備拿去丟棄，卻感覺到手被咬住。傑若米驚覺自己遇上了宛如美國作家史蒂芬・金（Stephen King）筆下的恐怖故事情節，他掙扎了將近一分鐘，才將蛇頭從自己的手上拔除。珍妮佛身為一名護理師，知道丈夫必須注射血清。她扶著丈夫上車，開車前往一小時車程外的醫院。途中傑若米開始感覺呼吸困難，逐漸喪失意識，嘴裡喃喃說著：「我恐怕要死了，我愛妳。」[2]醫師後來解釋他當時已進入敗血性休克狀態。而這一切都是由一個被斬斷的蛇頭所造成。

德州農工大學（Texas A&M University）的獸醫克莉絲汀・盧特（Christine Rutter）知道要讓傑若米存活，必須讓他接受四天的醫療性誘導昏迷（medically induced coma）並注射二十六劑血清（一般情況只需注射二至四劑血清），因為被斬斷的蛇頭，仍可存活至少一小時，並且**因為這條蛇瀕臨死亡，所以反而能造成比平時更致命的咬傷**。盧特表示，「這條蛇分泌出最大量的腎上腺素……因此無論牠咬到什麼，都會釋放出所有毒液。」[3]她補充：「這種情況幾乎就像美式足球場上的萬福瑪麗亞長傳。」

近期一項亞洲蜘蛛交配儀式的研究也確認了類似的行為。圓蛛科馬拉近絡新婦蛛（Nephilengys malabarensis）的雄蛛有兩個生殖肢，可以在交配過程中斷裂塞住雌蛛的生殖器官，避免其他雄蛛與之交配。這個交配過程大約持續十秒，絕育的雄蛛會在交配結束後守護雌蛛，阻止其他雄蛛拔除生殖器塞偷偷與雌蛛交配，藉此確保自己的後代。經過實驗室一系列的實驗，一個國際科學家團隊表示，失去生殖器官的雄蛛，也就是所謂的太監蜘蛛，通常可以在科學家設計的約六十分鐘的戰鬥中，擊退生殖器官完整的雄蛛。生物學家得出的結論是：「守護雌蛛的太監蜘蛛……遇到入侵者時會盡全力反擊……絕育的雄蛛已經無法再生育，因此毫無顧忌。」[4]科學家拍下實驗戰鬥的過程，證實了太監蜘蛛的激進行為。對此好奇的人可以自行觀賞這部一刀未剪的影片——不過仍需留意部分畫面對兒童而言可能過於寫實。

人類與蜘蛛和響尾蛇雖然幾乎沒有共通點，但生存本能卻比所有物種都強，且往往能改變正常的行為。美式足球綠灣包裝工人隊（Green Bay Packers）的明星四分衛阿隆・羅傑斯（Aaron Rodgers）以「萬福瑪麗亞長傳」贏得比賽，但這並不是他成功進入名人堂的原因。他

＊本書以1、2、3……標示者為參考文獻，置於全書末，見頁二四七。

的成功來自於謹慎的決策過程，因為他在職涯初期就明白「不要任意傳球以免遭到攔截」。正如他曾經做出的解釋：「我從八年級開始打美式足球後就一直謹記，要讓自己待在場上的唯一方法就是——做出正確的決定，不要失誤。」[5]

羅傑斯在他的職業生涯中，傳球讓隊友達陣的次數比被敵隊攔截的次數高四倍，這個成績遠優於超級明星四分衛湯姆．布雷迪（Tom Brady）與培頓．曼寧（Peyton Manning）。[6]然而，阿隆．羅傑斯卻在綠灣隊仍落後幾分的情況下，在比賽即將結束的幾秒鐘前，冒著可能被抄截的危險，使出他的招牌長傳，將球傳到得分區。

這就像被斬斷的響尾蛇頭或已絕育的雄蛛，此時的羅傑斯已經毫無顧忌。在利大於弊的情況下，能合理化他這種賭運氣的行為，因為這個情急之下的傳球或許可以反敗為勝，反觀如果什麼也不做，他的隊伍肯定會輸球，所以擔心長傳會不會被攔截根本毫無意義。羅傑斯的賭注可以換來不對稱或偏態的報酬，**這種龐大的報酬並沒有重大的負面後果，因此讓平時謹慎的領導者變成了賭徒**。

類似的報酬往往也出現在各式各樣的活動中，包括政治界、戰場及商場上的活動，但產生的影響則遠大於綠灣隊在超級盃的展望。從歷史可知美國獨立革命的成功，要歸功於一場類似於此的冒險。

喬治・華盛頓（George Washington）將軍像西洋棋大師一樣準備戰鬥，策劃戰略，並預期敵方的計畫。一七七六年一月四日，他要求大陸會議（Continental Congress）增援紐約：「我以最高的敬意要求……請求判斷將部分的澤西部隊派駐到紐約是否為一個審慎的決定……以防（敵對）軍隊於紐約或附近的長島登陸。」[7]

他接著在一七七六年三月十三日再次呼籲謹慎為上：「紐約的地位十分重要；需要審慎及策略，應擬定各項預防措施並加以執行，以破壞敵軍占領該地的各項計畫。」[8]

然而，在一七七六年十二月二十五日聖誕節當晚，華盛頓將軍拋開了謹慎，大膽越過冰冷的德拉瓦河（Delaware River），勇敢襲擊了駐守在紐澤西州特倫頓（Trenton）的敵軍。

當時的情況迫使華盛頓改變心意。敵軍英軍在威廉・豪威子爵將軍（General Sir William Howe）的指揮下，已在一七七六年下半年分別在長島、哈林高地及白原市擊敗了大陸軍，而疾病與逃兵也不斷削弱華盛頓的軍力。在這場戰役發生的前一星期，華盛頓寫信給維農山莊的表親：「我目前的處境已經是你無法想像的艱難。」[9] 他需要一場勝戰來吸引更多新兵，他還說：「如果此役戰敗，我想這場革命的局勢就大致底定了。」[10] 十二月二十日，華盛頓將軍向議會提出了戰敗的預估時間：「再過十天我方將全軍覆沒。」[11]

華盛頓在一七七六年十二月二十五日決定冒險發動攻擊，因為他明白自己面臨的挑戰，他已沒什麼好選擇的了。在特倫頓戰役發生之前，他曾經寫信給財務官羅伯特・莫里斯（Robert Morris）：「或許我們還是有機會走運。」[12]事實上，好運的確降臨，美國因為這場賭博而受惠。喬治・華盛頓帶軍越過德拉瓦河的舉動，或許不像阿隆・羅傑斯傳球至得分區，但這兩件事其實是一樣的。

情況無可惡化時，會讓平常小心翼翼的人變得大膽，這個道理或許看似明顯，但在半夜突擊特倫頓，並非華盛頓當時唯一的選項。他也可以先撤軍，等到春天再發動攻擊。因此，需要勇氣才能把握這次的機會。即使阿隆・羅傑斯面臨的風險只有球會被無意義的攔截，他也要在情急之下才會鼓起勇氣傳球，因為他知道一群體重大約一百三十公斤的前鋒會試圖在他傳球前把他撞暈。

一九六九年一月十二日星期日，四分衛喬・拿瑪斯（Joe Namath）帶領紐約噴射機隊（New York Jets）在第三屆超級盃中擊敗巴爾的摩小馬隊（Baltimore Colts）贏得勝利。時至今日，這仍是運動史上最精采的爆冷門事件，也許只有一九八〇年冬季奧運會美國曲棍球隊擊敗蘇聯隊除外。

大家都愛冷門球隊，有證據顯示萬福瑪麗亞長傳有利於下注的球迷，因為那些球員是抱著必死的決心打球。[13]拿瑪斯所屬的噴射機隊正是如此，沒有任何人看好他們。拉斯維加斯賭場莊家以巴爾的摩小馬隊大贏噴射機隊十八分的讓分開始賭盤，這是前所未見的讓分盤，完全無視拿瑪斯先前誇口噴射機隊不僅要追平讓分，還要將對手殺個片甲不留的宣言。

如果不是拿瑪斯拿下了人生中最精采的一場勝利，大概很少人記得他如今著名的一句話：「我保證。」[14]拿瑪斯在那場球賽中獲得最有價值球員獎，證明了他排除萬難贏得勝利的勇氣，也為一直以來士氣低落的噴射機隊球迷帶來他們唯一的超級盃冠軍獎盃。**縱使不對稱的獎勵會激發大膽的行為，但仍需要技巧、信念和勇氣才能把握這個機會。**

時間壓力為阿隆・羅傑斯和喬治・華盛頓帶來有利的結果，而且即使沒有戲劇性的結尾，光是有限的下檔空間，也足以引發大膽的決定。喬・拿瑪斯在這場超級盃比賽中拚盡全力，因為所有人都預期他會輸球。在金融世界中我們拿金錢而非性命冒險，買入選擇權便是聚焦於限制損失。邁倫・修爾斯（Myron Scholes）因與費雪・布萊克（Fischer Black）及羅伯特・莫頓（Robert Merton）共同發現選擇權定價公式而獲諾貝爾經濟學獎，他曾說：「確保下檔空間有限，是我對選擇權感興趣的原因。」[15]

多數投資人都很謹慎，會將財產劃分開來，一部分存在銀行，一部分投資於股市，如此便能高枕無憂。若投入股市的資金太多，會讓人夜不成眠。然而，投資人購買「買入選擇權」時，能欣然接受波動性高的證券，是因為該選擇權讓投資人有權利而非義務以固定價格購買股票。

在有權利而無義務的情況下，買入選擇權帶來了不對稱的報酬：獲利會隨著股價攀升而提高，但虧損卻不會超過固定的費用，也就是所謂的權利金。這種避免龐大虧損的保障讓華倫・巴菲特（Warren Buffett）這類經驗豐富的金融家，或甚至如達賴喇嘛（Dalai Lama）一般保守的投資人，都拋開了謹慎，並偏好以買入選擇權投資波動性大、可能意外大漲或大跌的個股。

覺得奇怪嗎？美國職棒大聯盟中也有同樣的情況發生，就是在打者面臨球數零好三壞的情況下，球隊經理會給出揮棒許可。此時打者有了權利而非義務，能選擇在投手投出下一球時揮棒，試著擊出全壘打。

洛杉磯天使隊（Angels）外野手麥可・楚奧特（Mike Trout）在二〇一〇年至二〇二〇年間三度榮獲最有價值球員獎，同時也是隊上的強打，他曾說在球數零好三壞時，他通常會「用力揮棒，盡全力把球打得越遠越好」。[16]《華爾街日報》（*Wall Street Journal*）曾表示：「雖然可能造成出局……但二壘安打或全壘打的額外可能性值得讓人冒險。」[17]在有下檔保護時，投資人和大聯盟球員都願意冒險揮棒敲出全壘打。

不對稱的報酬帶來機會，也導致不當行為

不對稱的報酬會鼓勵人們做出冒險的大膽行為，因為此時提供了讓人能像最閃亮的星星般發光發熱的機會，但與此同時，若導致不當的行為發生，則後果可能要所有人一起面對。不過阿隆．羅傑斯或喬．拿瑪斯只需要為自己的決定承擔所有的代價，因此他們可以隨心所欲，不會引發我們的擔憂——除非我們是綠灣包裝工人隊或（很不幸地）是噴射機隊的球迷。

然而，對於喬治．華盛頓之類的人而言，要盤算的事情可就複雜得多。若他在特倫頓之役戰敗，不只是指揮官，所有美國人的夢想都會破滅，因此華盛頓的賭注會造成更深遠的後果。

情操不如喬治．華盛頓高尚的領導人，可能會單純為了追求勝利的榮光而冒險，導致其他人背負戰敗的後果。例如，在二次大戰期間，阿道夫．希特勒為了阻止盟軍進入德國，於一九四四年十二月下令展開一場絕地大反攻，也就是讓對手大吃一驚的突出部之役（Battle of the Bulge）。[18]

在英美軍力大勝德軍，以及蘇聯紅軍從東線逼近的情況下，希特勒決定大膽冒險發動攻擊，他解釋：「這場戰役的結果攸關德國的生死存亡。」[19] 若希特勒在當時這場賭局中決定追求和平並避免人員傷亡及毀滅，第三帝國（the Third Reich）*的情況可能會比較好，但誰都阻

止不了希特勒。

在一八四八年的《共產黨宣言》（*Manifesto of the Communist Party*）號召革命時，卡爾・馬克思（Karl Marx）與弗里德里希・恩格斯（Friedrich Engels）總結道：「叫那班權力階級在共產的革命面前發抖呵！無產階級所失的不過是他們的鎖鏈。」[20]這番言論在接下來的一個世紀中激發了各種暴力起義，而馬克思與恩格斯也未能警告世人隨之而來的將是暴政。

蘇聯前兩任領導人弗拉迪米爾・列寧（Vladimir Lenin）與喬瑟夫・史達林（Joseph Stalin）的殘酷統治，為他們帶來了權力與名聲，但在蘇聯政權於一九九一年解體之前，這個殘忍的行徑讓俄羅斯人民不聊生。即使無產階級不知道，但他們仍有許多東西可以失去。

唐納・川普從未擔任過公職，而政界也不認為他在二〇一六年能勝選。他一生在商場上都遵循一個座右銘，即：「做好下檔保護，好事自然來。」他也將這個原則套用到政治界。[21]他在這場選戰中，以顛覆傳統的挑釁競選標語「封鎖」（lock up）[†]，來「封鎖」民主黨代表希拉蕊・柯林頓（Hillary Clinton）這名競選對手，並要求墨西哥支付邊境圍牆的費用。他以民粹手法攻擊固有的菁英階層，並承諾將帶領美國繁榮，藉此贏得選票。全球各地的候選人都以相同策略取得權力，包括巴基斯坦的前板球明星伊姆蘭・汗（Imran Khan）、巴西總統雅伊爾・博索納洛（Jair Bolsonaro），以及匈牙利總理維克多・奧班（Viktor Orban）。

這種民粹選舉手法在現今政壇之所以吃香，部分原因在於民眾覺察到所得不均的情況逐漸加劇，以及贏家通吃的經濟型態。這些選戰為幾乎沒什麼可失去的群眾帶來推翻現況的希望，這也是樂透如此受歡迎的原因。但多數人都忘了，這些孤注一擲的博弈鮮少能贏。萬福瑪麗亞長傳的成功機率不到二十分之一，這個方法在美式足球賽的尾聲或許可行，但不能當成穩定常用的方法。[22]

沒有人知道，如果川普在二〇二〇年十一月獲選連任後他會做什麼，但在選戰尾聲川普當選的希望變得渺茫時，共和黨策士艾力克斯・柯南特（Alex Conant）表示川普的世界岌岌可危：「大家開始針鋒相對、捐款人逃之夭夭，這位候選人在情急之下會使出令人尷尬的手段。」[23] 柯南特說出這番話不久後，川普無計可施，最後在二〇二一年一月六日煽動一群暴民攻擊國會大廈，試圖阻止國會證明拜登（Joseph R. Biden Jr.）當選。川普低估了最壞的情況，也因此付出代價。美國眾議院指控唐納・川普「煽動叛亂」，因而提出彈劾，讓他成為美國史上首位兩度遭到彈劾的總統。

---

* 希特勒領導下的納粹德國。

† 競選期間川普多次高喊「lock up」，呼籲將希拉蕊關進牢裡。

降低風險的應對行動

每個人都知道「沒什麼好損失」的策略會激發出魯莽的行為，這都要歸功於我們對運動的狂熱，但本書將擴大視野，說明總統、將軍及獨裁者如何運用這個刺激改變我們的生活。

在政界、戰場及商場上，下檔空間有限的決定往往只對少數人有利，卻對多數人有害，因而造成社會的不和諧。要減輕這種傷害就像節食和運動，都是知易行難，然而，保險公司常常遇到一個相關的問題，那就是道德風險，而他們應對該風險的行動具有啟發性。

例如，州立農業保險公司（State Farm）和利寶互助保險集團（Liberty Mutual）都知道汽車保險會讓駕駛人在有意或無意中變得比較不謹慎，因為事故的外顯成本大多會由保險公司承擔，被保險人的損失因而有限。保險公司因此透過改變動機來減少這個問題的發生，例如他們提供駕訓證書折扣，以及將多次近距離接觸消防栓的保戶保費提高。憂心的政治人物也會做同樣的事情，他們會改變不對稱的報酬以盡可能減輕不當行為造成的後果。然而，接下來的故事會說明這種改變需要勇氣，並非人人都能面對挑戰，致使我們要承擔後果。

Part 2

一觸即發的衝突

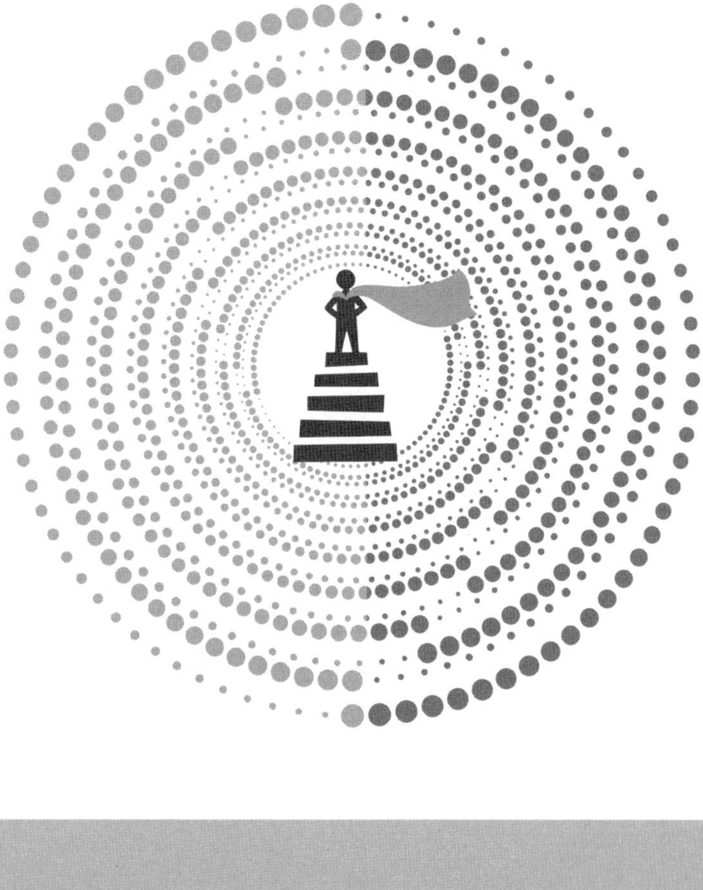

第 2 章

宣戰 vs 不戰：別惹毛任期將屆的總統

美國共和黨總統理查．尼克森（Richard Nixon）與隆納．雷根（Ronald Regan）及民主黨總統比爾．柯林頓（Bill Clinton）都是在第二任期內惹上麻煩：

- 尼克森掩蓋民主黨全國委員會（Democratic National Committee）位於華盛頓特區的總部水門綜合大樓（Watergate Office Building）遭入侵的案件[*]；
- 雷根承認在軍售伊朗醜聞中以軍武交換人質[†]；
- 美國眾議院因柯林頓作偽證及妨礙司法調查他與白宮實習生莫妮卡．陸文斯基（Monica Lewinsky）之緋聞而提出彈劾。

在二十世紀後半期連任的四位美國總統中，只有德懷特．艾森豪（Dwight Eisenhower）保持完好名聲。[1]

部分原因或許在於美國憲法第二十二修正案（Twenty-Second Amendment）於一九五一年生效，規定美國總統只能擔任兩屆完整任期，因此總統在連任後便自動成了任期將屆的總統。**少了選票的壓力，他們在第二任期內變得較無顧忌，因此行為也較不謹慎**。任期將屆的總統想要名垂青史，而有限的下檔空間讓他們勇於冒險以達成目標，包括試圖隱藏過去違法的行為。

尼克森、雷根和柯林頓的名聲都因為這些大膽的舉動而受損。

在憲法第二十二修正案生效前，已經有多位總統在第二任期內有不當行為，因為自喬治·華盛頓以來，兩個任期已經是大家認定的傳統上限。這個不成文的規定對於總統拋開限制的影響力雖然不如新法，但對民主黨總統富蘭克林·德拉諾·羅斯福（Franklin Delano Roosevelt，俗稱「小羅斯福」）則非如此。他在一九三六年連任時，大家已經認定這將是他的最後一個任期，在他第一任期的前三年，他打算透過「新政」（New Deal）立法拯救全國脫離經濟大蕭條，但新政的主要部分已被最高法院否決，因此小羅斯福需要更有同理心的法官來讓他推動這項計畫。

一九三五年初，仍在第一任期內的小羅斯福設法約束法院的權力。根據內政部長哈羅德·伊克斯（Harold Ickes）的描述，他們在一九三五年一月十一日星期五舉行的一場內閣會議中說道：「司法部長甚至還表示，如果法院跟政府作對，那就應該將法官人數一次增加，讓政府贏得多數法官的支持。事實上，總統在星期四的會面中向我提出了這個建議。」[2] 但民調專家認

---

* 俗稱水門事件。指尼克森陣營的共和黨人員暗中潛入敵對民主黨陣營位於水門大樓的辦公室，在其中安裝竊聽器並翻拍文件。

† 俗稱伊朗門事件。由於美國視伊朗為敵人，因此國會已禁止出售武器給伊朗，故此軍售是場祕密交易，透過第三方完成。

為一九三六年總統大選的民調結果差距太小，因此小羅斯福打安全牌，避免在選舉活動中提及他對法院的計畫。[3]

一九三七年二月五日星期五，也就是在小羅斯福壓倒性勝選連任三個月後，他提議立法將最高法院的法官人數增至十五名，並表示：「這可以讓政府司法部門的運作……更符合現代的需求。」[4]小羅斯福充滿雄心的計畫引發了民眾的強烈不滿。美國律師協會會長弗雷德里克・斯坦奇菲爾德（Frederick H. Stinchfield）便表示，這麼做「完全不尊重我們的基本法律——憲法，不尊重憲法原本賦予我們的基本優越性與保護」。[5]

芝加哥大學法學院院長哈里・畢格羅（Harry Bigelow）表示：「從政治的角度考量勢必會得出一個結論，那就是目前的計畫過於霸道獨裁。」[6]保守的《紐約先驅論壇報》（*New York Herald Tribune*）在社論版中警告這個國家正面臨存亡危機：「在美國獨立後的第一百六十一年，小羅斯福總統提出了一項提案，若該提案通過立法，將會終結已有悠久歷史的美國。」[7]華爾街的金融家也猛烈抨擊該提案，股市因此下挫超過一・五%，幾乎是平常單日波動幅度的兩倍大。[8]媒體明確指出股市崩跌的原因，並報導某家大銀行的總裁對於「提案可能造成的劇變……感到驚訝不已」。[9]

小羅斯福高票當選後，自信滿滿地以為同為民主黨且掌控參眾兩院的黨內人士會支持他的計畫，但國會卻有不同的想法。參議院司法委員會否決了這個俗稱為「法院填塞計畫」的法案，並在這項立法倡議的報告結尾提出了嚴厲的譴責：「我們必須斷然否決這個計畫，以免日後再有人向全美自由人民的自由議會代表提出類似的倡議。」[10] 小羅斯福早在一開始就該發現問題。當初他在參議院提出這個計畫時，他的副總統暨參議院院長約翰．南斯．加納（John Nance Garner）便睜一隻眼閉一隻眼，對他的提議感到不以為然。[11]

研究總統的歷史學家將小羅斯福這項充滿爭議的立法倡議歸咎於過度自信，也就是一種名為「六年之癢」的毛病，亦以此形容其他在第二任期內犯錯的三軍統帥。[12] 小羅斯福獲得了選民的高度支持，加上任期將屆讓他毫無保留，因此才出現類似過度自信的大膽行為。小羅斯福早該知道，既然連加納都不支持他的法院填塞計畫，那此計畫注定會失敗。然而他執意推進，彷彿自己已經毫無顧忌。

總統卸任前，並非都會做出魯莽行為

總統卸任前的種種魯莽行為，並不能證明這是某種行為模式。某些人打從入主白宮之初就開始犯錯，有些人則穩如泰山一路做到卸任。共和黨的華倫．哈定（Warren Harding）於一九二〇年當選總統，他在第一任期內即逝世，所以未能見到自己放縱治國造成的種種遺毒。他任命自己的親信擔任高官，這些人包括內政部長阿爾伯特．福爾（Albert Fall）與檢察總長哈里．道爾第（Harry Daugherty），而且哈定對於他們的濫用職權視而不見。

相反地，副總統卡爾文．柯立芝（Calvin Coolidge）在一九二三年哈定過世後繼任總統之位，並於一九二四年的總統大選中勝出。他始終保持沉默寡言，因此從未惹上麻煩。[13] 有一則著名的佚事，雖然可能是純屬虛構的傳聞，但內容提到有位女性向柯立芝誇口自己與同桌友人打了賭，賭她可以讓柯立芝講話超過三個字。柯立芝聽了便答道：「妳輸了。」

別名為「沉默卡爾」（Silent Cal）的柯立芝安然度過了他在白宮的歲月，甚至可以波瀾不驚地永遠待在白宮一輩子。

要證明下檔保護會讓任期將屆的總統變得大膽，需要進行一場臨床試驗，就像在實驗室一樣，必須讓首長在兩個任期中都遭遇類似的危機再來比較結果。雖然在政治圈裡很少有這種機會，不過歷史幫了我們一把。老天在美國第二十八屆總統伍德羅．威爾遜身上做了這個實驗，他在一九一二年當選，並於一九一六年勝選連任，在這兩個任期內，他遭遇了第一次世界大戰。他的行為給現今世界的當權者上了一課。

保持中立，取得利益平衡

湯瑪斯・伍德羅・威爾遜於一八五六年出生於美國維吉尼亞州的斯唐頓（Staunton），並於喬治亞州的奧古斯塔（Augusta）長大，他的父親也在那個地方成為了長老教會牧師。威爾遜在十多歲時被大家暱稱為「湯米」（Tommy）；後來他就讀紐澤西學院，也就是現在的普林斯頓大學，並於一八七九年畢業。而後他進入巴爾的摩的約翰霍普金斯大學進修，最後取得了博士學位，成為一名戴著學者必備夾鼻眼鏡的學術人士，也是目前為止唯一一位具有博士學位的總統。後來，他娶了來自薩凡納（Savannah）的愛倫・艾克森（Ellen Axson），並回到普林斯頓大學擔任教授，在理想主義者的象牙塔裡享受著平靜的生活，過著出版學術研究、教書的日子，避免了體力勞動相關之事。

威爾遜於一九〇二年出任大學校長。不同於多數教授，他成為一位優秀的行政主管和募款人。隨著他優秀主管的聲名遠播，一九一〇年他獲得紐澤西民主黨邀請參選州長。在此次選舉中，威爾遜的勝選打破了共和黨連續五屆入主州長官邸的紀錄，而這場奇蹟勝選，也讓他成為了一九一二年民主黨的總統候選人。區區一個文人，一舉成為全國矚目的焦點。

一九一二年的總統大選，可說是空前絕後的美國總統大選。共和黨在芝加哥舉行的大會中，提名約一百三十公斤重的現任總統威廉・豪沃・塔夫特（William Howard Taft）為總統候選人。同為共和黨員的前總統泰迪・羅斯福（Teddy Roosevelt，俗稱老羅斯福）在大會中，則與塔夫特競爭黨內提名。老羅斯福在一九〇一年威廉・麥金利（William McKinly）遇刺身亡後，接任了總統職位，並做完剩餘的任期，亦於一九〇四年勝選後做滿四年的總統職務。

想再次擔任總統的老羅斯福在芝加哥大會競爭失利後，便打著新創的美國進步黨（Progressive Party）黨旗參選。一九一二年的三大總統候選人中，只有民主黨提名的候選人伍德羅・威爾遜從未擔任過總統。

老羅斯福和塔夫特分散了共和黨的票源，威爾遜因此在只獲得四二%的選票下當選。一九一四年八月第一次世界大戰在歐洲爆發，英國、法國、俄國紛紛參戰對抗德國及奧匈帝國時，威爾遜由於缺乏大批選民的支持，採行了國內盛行的孤立主義。他在一九一四年八月十八日向全美人民發表演說：「所有真心愛美國的人，言行之中都會奉行真正的中立精神，也就是對各方秉持公平、公正與友好的態度。」[14]

這位總統的語氣就像是一名貴格會（Quaker）的牧師，但他的和平主義卻是源自於這個國家的移民文化：「**美國人民來自於許多國家，而且主要來自於目前正在交戰的國家……有些人期望某國在大戰中獲勝，而其他人又希望另一國勝利。激動容易冷靜難……國內人民的分裂會**

嚴重破壞我們心靈的平和。」威爾遜的中立主張，在美國中西部德國後裔選民及東岸親英派選民之間，取得了利益平衡。

即使德國潛艇戰造成美國人民傷亡，這位總統在第一任期內始終維持美國中立的立場。一九一五年五月七日星期五，德國的U潛艇擊沉了英國遠洋郵輪盧西塔尼亞號（RMS Lusitania），此事對威爾遜承諾的立場造成莫大的挑戰。

德國無故攻擊非武裝客船，造成一百二十八名美國人喪生，此舉也違反了當時公認的戰爭原則，亦即保障非戰鬥人員的安全。[15] 根據目擊者表示，婦女及兒童的屍體漂浮在愛爾蘭岸邊，有些人肢體殘缺，有些人衣不蔽體，這些報導讓民眾群起憤慨。紐約報社以「襲擊文明之罪」（Crime Against Civilization）做為標題，如同追拿通緝犯的告示。[16] 但在這起攻擊事件發生的當下，威爾遜仍保持沉默，僅於五月八日星期六晚間透過私人祕書發表聲明：「總統深感悲痛，並認為事態嚴重，正在非常認真且冷靜地思考正確的行動。」[17]

整起挑釁事件被輕輕帶過。

盧西塔尼亞號在海中與政治利益中皆沉沒

如今好萊塢聚焦在一九一二年發生的鐵達尼號沉船事件，分散了人們對盧西塔尼亞號悲劇的關注。但在當時，這兩起相隔僅三年的大災難爭相成為眾人矚目的事件。這兩艘船都是巨型油輪，幾乎有三個美式足球場長，可容納近兩千名乘客，船身有四個巨型煙囪冒著煙，能以二十五節的速度奔馳於水面。不過，有海上獵犬之稱的盧西塔尼亞號速度又更快。

鐵達尼號的首航也是終航。鐵達尼號自英格蘭的南安普敦（Southampton）啟程，而盧西塔尼亞號則自紐約啟程，但兩艘船上的頭等艙簡直就像紐約公園大道上的華爾道夫飯店（Waldorf-Astoria），而乘客的家世也同樣顯赫，包括隨鐵達尼號沉沒的德裔美國富豪約翰·雅各·阿斯特四世（John Jacob Aster IV），以及在盧西塔尼亞號上溺斃的商業大亨阿爾弗雷德·范德比爾特（Alfred G. Vanderbilt）。傳聞范德比爾特為了搭乘盧西塔尼亞號，還在鐵達尼號啟程前一天取消行程。[18]

這兩艘大船都有其神祕之處。根據《洛杉磯時報》（*Los Angeles Times*）的頭條：「盧西塔尼亞號的所有人相信此船永不沉——此船身的結構優於鐵達尼號。」[19]而且讓專家不解的是，盧西塔尼亞號的水密隔艙為何未能讓船身保持在水面上。

兩艘船都有三分之二的乘客罹難，但不同於鐵達尼號，盧西塔尼亞號的救生艇足以讓所有乘客撤離，因此照理來說罹難人數應該會遠低於鐵達尼號。更令人納悶的是：盧西塔尼亞號上有七二%的女性乘客罹難，相較之下，鐵達尼號只有二八%的女性乘客罹難，因此，盧西塔尼亞號顯然違反了婦女與兒童優先撤離的海事法規定。[20] 另有目擊者提供了更多細節。

在潛艇發動攻擊的前幾分鐘，約莫是下午兩點左右，盧西塔尼亞號正航行在晴朗無雲的凱爾特海上，愛爾蘭鄉間的翠綠丘陵也在地平線上起起伏伏。此時盧西塔尼亞號的一名船員，正在艦橋上俯瞰著外頭幾乎空無一人的甲板。[21] 大家都到下方的餐廳享用午膳了，依稀還有管絃樂音傳了上來。這艘船正以次高的速度向前航行。

突然間，這名船員注意到水面上的尾波，那是大約六百四十公尺遠的一根鐵柱劃過水面的波紋。在這根鐵柱降至水面下後，他明白了這就是傳說中潛望鏡留下的痕跡，因此對引擎室下了一道防禦性命令：「全速前進！」只可惜為時已晚。他在驚恐中看著魚雷在水中拖出一道泡沫，朝船身直衝而來。

不到幾秒鐘的時間，爆炸震動了船艦，讓船身如地震一般晃動，同時激起了一道大浪打在甲板上。盧西塔尼亞號立刻向右舷傾斜，位於深處的鍋爐爆炸，噴發出的金屬碎片切斷了電線，導致走道陷入一片漆黑。[22]

受傷的乘客順著階梯爬到頂層甲板，但許多人被困在下方的船艙內。一名生還者回想自己當時所聽到的模糊尖叫聲，他說那聲音雖然來自於一輛卡在兩層甲板間的客滿電梯，但卻不像乘客的喊叫聲，反而如同困獸的哀鳴。[23]在斷電的情況下，根本無法救出這些人。不過根據船務員波西．潘尼（Percy Penny）的描述，那些逃到最上層甲板的人看起來很鎮定：「爆炸來得太快，威力又太強大，大家幾乎沒時間思考發生了什麼事……乘客似乎都認定盧西塔尼亞號不會沉沒。」[24]然而，隨著船身越來越傾斜，乘客開始準備搭乘救生艇，但他們卻遇到了困難。

盧西塔尼亞號和其他的大型船艦一樣，救生艇是以繩索垂掛在名為吊艇柱的吊臂上，透過小艇兩端的滑輪操控升降。[25]船員必須具備技巧和高度協調性才能順利將坐滿人的救生艇放下，而這種情況就像是要將站滿五十個人的洗窗機平台順著摩天大樓外牆垂降。此時盧西塔尼亞號船身傾斜，又讓這個工作難上加難。右舷的救生艇已經離船身太遠，只能懸掛在海面上毫無用處，而左舷的救生艇則因傾斜而移入船內，必須大費周章才能將小艇移到海面。

船員費盡力氣才讓第一艘小艇移到海上，但這艘小艇卻成了不良先例。前端控制繩索的船員失了手，讓小艇整個豎直，導致船上乘客從約十八公尺的高空中墜入海面。

來自美國蒙大拿州的卡爾．艾默．佛斯（Carl Elmer Foss）是一名體型纖瘦且運動神經發達的醫師，正要前往歐洲替紅十字會工作，他當時便目睹了這場事故。[26]佛斯已經穿上救生衣從甲板跳入水中，他的泳技高超，因此救生艇翻覆時他已經不在船邊。他回想：「突然間一艘小艇從吊艇柱墜落，轟地一聲在海面上摔得四分五裂。我看到一名男子抓著殘骸求生，但船艦的螺旋槳還在轉動，這個可憐人的腿被嚴重割傷……〔他〕頑強地抓著繩索。而逐漸下沉的船艦持續傾斜前進，拖著損毀的小艇同行。」甲板上許多乘客目睹了這個慘劇後，決定留在盧西塔尼亞號上，雖然船艦持續傾斜下沉，但他們認為這裡還是比不牢靠的救生艇安全。

佛斯描述了船艦下沉時的驚悚情況：「我看到有兩、三個人從船尾頂端跳下來。其中一人是女性。我沒聽到尖叫聲，但這艘巨輪最終下沉時，我聽到了一聲綿長、悲愴、絕望、哀求的叫聲。」[27] 佛斯當時無計可施，只能自救。他游了大約八百公尺，來到一個救生筏上，而後被一艘蒸氣船印度帝國號（Indian Empire）救起。

雖然盧西塔尼亞號上有二十二艘大型木製救生艇，但船員在沉船前只成功放下六艘。[28] 這艘船在遭受魚雷攻擊十八分鐘後消失於海面，相較於鐵達尼號撞擊冰山後仍漂浮於海上兩小時四十分鐘，可說是狂亂的瞬間。鐵達尼號有二十艘救生艇，不足以容納所有乘客，但船員有充分的時間執行具有騎士精神的婦孺優先撤離準則。鐵達尼號的榮耀已透過好萊塢記錄下來，而盧西塔尼亞號的悲劇則隱沒在歷史中，部分責任要歸咎於伍德羅．威爾遜。

這位總統在攻擊事件發生後，除了在一九一五年五月八日發布一篇新聞稿外，並未發表其他公開聲明，但他卻預定五月十日星期一於費城的會議中心發表一場大型的演說，歡迎歸化的公民。

《紐約時報》（*New York Times*）推測「總統可能藉這個場合表達感受」，但又表示「當然，沒人知道屆時情況會如何」。[29]少數人猜測威爾遜會避談盧西塔尼亞號事件，更少數人仍期望他會隱約提到在歐洲的戰事。在演講尾聲，總統對滿座的觀眾說：**「有的人很自豪，因此不願與人爭鬥。有的國家極為公正，因此無須透過武力逼迫他人相信自己公正的立場。」**[30]

好鬥的泰迪．羅斯福仍在為一九一二年的敗選而難過，他緊盯著威爾遜的一舉一動，並在隔天嘲諷總統的發言：「有些事情比打仗更糟。」他也在雜誌上發表了一篇文章，以「公海上的謀殺」為標題來描述盧西塔尼亞號事件。[31]老羅斯福將德國比喻成「巴巴里海岸的海盜……來自文明國家的無賴」。他還說：「但這些古時候的海盜犯下的謀殺罪，規模都遠不及盧西塔尼亞號事件。」

多數美國人希望美國仍能保持中立，但威爾遜最親近的顧問與知己愛德華．豪斯上校（Colonel Edward House）則是關鍵的例外。豪斯極為富有，他活躍於德州的民主黨政治圈，並獲得由州長頒發的榮譽上校頭銜以示感謝。豪斯於一九一二年以顧問身分加入威爾遜的競選團隊，成為威爾遜的核心成員與知己。[32]

一次大戰爆發時，威爾遜派豪斯擔任特使前往歐洲國家的首府。豪斯上校幾乎天天與總統通信，並在一九一五年五月九日，也就是盧西塔尼亞號事件發生兩天後，從倫敦發了一封電報給威爾遜：「美國正面臨抉擇，必須決定要支持文明或不文明的戰爭。我們不能再當個中立的旁觀者……我們正在被各界打量，世人正在評估我們在各國間的地位。」[33] 豪斯在駐英美國大使沃爾特．佩奇（Walter Page）的家中晚宴上說：「我們應該在一個月內參戰對抗德國。」[34]

但總統有不同的想法。他在一九一五年五月十三日對德國政府提出正式文書，抗議德軍造成盧西塔尼亞號乘客無辜傷亡，以及德國先前侵害美國在公海上的權利，包括攻擊掛著美國國旗的商船顧盛號（Cushing）與海灣之光號（Gulflight）。[35] 該聲明要求德國為攻擊美國船艦「負起全責」，並表示潛艇指揮官必定誤解了命令，因為德國不可能蓄意殘害無辜的生命。該聲明也要求德國終止所有U潛艇對非作戰人員所發動的攻擊。

相較於泰迪．羅斯福兇狠如孟加拉虎的抨擊，伍德羅．威爾遜的聲明簡直溫馴如小貓，但威爾遜抱持著不同的觀點。英國也同樣侵害了美國的中立地位，英國曾宣稱前往德國的美籍商船上有違禁品，因此將之沒收，所以威爾遜總統試圖保持公平的立場。雖然他針對美國人民的傷亡單獨對德國發出正式的譴責聲明，但這位總統知道美國人對英國的憎恨僅次於對德國，尤其是德裔與愛爾蘭裔的美國公民。**以四二%得票率當選總統的威爾遜就像是走鋼索的表演者。如果他想在一九一六年連任，就不能得罪任何人。**

德國雖然保證不再以潛艇攻擊非武裝客船，卻未能信守承諾。財政部長威廉．麥卡杜（William McAdoo）同時也是威爾遜的女婿回想：「在盧西塔尼亞號沉沒事件及後續的爭議發生後，德國政府在一九一五年九月一日向美國保證『在確保非戰鬥人員的生命安全之前……潛艇不會再擊沉班輪』……但不到六個星期，阿拉伯號（Arabic）遭到無預警擊沉，船上三名美國乘客因此喪生。」麥卡杜繼續講述一九一六年的情況：「越來越多人抗議，德國也提出更多站不住腳的解釋……無辜客船遭到擊沉的事件持續發生……直到一九一六年四月十八日，我們通知德國政府，除非『德國停止對商船無情且無差別的攻擊……否則美國政府只好斷絕與德意志帝國的一切外交關係』。」[36]

一九一六年四月二十五日，德國承諾將克制潛艇的行動以回應美國的威脅，並表示：「我們不希望打仗。」這個回覆讓威爾遜感到滿意。[37] 該年適逢美國總統大選，深具影響力的豪斯上校打從盧西塔尼亞號事件發生後便力主參戰，但如今他卻改變了立場。他對總統說，除非能贏得密西西比河以西的進步派選民支持，否則他將敗給團結的共和黨。[38]

在共和黨人士一致支持最高法院大法官查爾斯．埃文斯．休斯（Charles Evans Hughes）

後，豪斯向總統提出愛好和平的選舉策略：「選舉結果將由平民百姓決定，我們必須趕在對手之前切中問題。我們應該以不讓美國捲入戰爭，以及你先前頒布成法的多項良善措施做為我們的競選口號。」[39]

無所顧忌時會執行早該完成的事

「他讓我們遠離戰爭」的口號讓威爾遜在一九一六年十一月七日星期二的總統大選中險勝休斯。《芝加哥美日論壇報》（*Chicago Daily Tribune*）引用中西部一名共和黨主席的說法，他說：「太多共和黨婦女將選票投給威爾遜才導致結果翻盤。一切都是因為那個似是而非的訴求『他讓我們遠離戰爭』。」[40]《紐約時報》新聞標題為：「和平是強力議題——『他讓我們遠離戰爭』贏得女性選票。」[41]《波士頓環球報》（*Boston Daily Globe*）則報導：「加州婦女幾乎一致投票給威爾遜總統。他針對女性主打的和平政策、童工法及其他法條，成功吸引了婦女選票。」[42]

保障婦女投票權的美國憲法第十九修正案是在一九二〇年才通過，但一九一六年總統大選時已有十二州允許婦女投票，威爾遜在其中十州都勝選。[43] **女性愛好和平的傾向決定了選舉結果，但少有人知道伍德羅．威爾遜本身也明白這個和平立場不會維持太久。**

大選結束一星期後，豪斯上校在十一月十四日星期二晚上六點抵達白宮，他還沒打開行李，總統便來到他的房間與他談話。豪斯回憶當時威爾遜想「寫信給所有交戰國要求停止作戰」，並詢問豪斯的意見。[44]總統說明：「除非我們現在就做這件事，否則我們遲早會因為潛艇問題而被捲入與德國的戰爭中。」威爾遜認為：「德國已經違反了當初的承諾……為了維持我們的立場，我們必須斷絕外交關係。」隔一星期《華盛頓郵報》的新聞標題為「大選過後將採取行動」，[45]透露出這家報社可能偷聽到了這段談話，並暗示政治立場的改變。報導內容說明：「雖然政策面是否會有重大改變仍不明朗，但總統已無須擔憂自己的任何舉動會被解讀為是因為內部政治困境所導致。」意思是威爾遜如今享有總統在最後一個任期的自由，可以冒著可能參戰的風險。

在總統大選結束三個月後，德國宣布將展開無限制潛艇戰，美國因此於一九一七年二月三日宣布與德國斷交。威爾遜承認德國一再違背先前做出的承諾，但媒體仍稱此次斷交為「盧西塔尼亞號擊沉事件以來最大的國際危機。」[46]

一個月後，隨著德國外交部長亞瑟．齊默爾曼（Arthur Zimmermann）發給駐墨西哥德國大使海因里希・馮・埃卡特（Heinrich von Eckardt）的一封電報曝光，美德關係變得更加緊張，因為這封電報說明了德國計畫慫恿墨西哥參戰的奇特陰謀。[47]

齊默爾曼在電報中提議墨西哥與德國結盟，並承諾提供金融援助協助墨西哥「收復新墨西哥州、德州及亞利桑那州等失土」。威爾遜政府的國務卿羅伯特・藍辛（Robert Lansing）認為此事不足為慮，並稱其為「蠢事一樁」，但這仍是美國躊躇兩年最後決定參戰的關鍵因素。[48]

一九一七年四月二日星期一晚間八點三十二分，威爾遜總統走進眾議院，並在國會聯席會議上發表演說。在場的高等法院大法官、眾議院議員、參議員以及外交團均著正式晚禮服，他們以長達兩分鐘以上的熱烈掌聲歡迎威爾遜。[49]

待掌聲停歇後，總統開場先說：「我之所以召開這場臨時會，是因為我們得做出很重要、非常重要的政策決定。」威爾遜說明德國自一九一五年起數度違反公海國際法，並接著說道：「如今看來，武裝中立已經不切實際，因為德國使用潛艇的方式，其實已經違反法規。」他停頓了一下接著說：**「有一個選項我們不會選也不能選。我們不會選擇屈服。」**

在他說出「屈服」這個詞時，坐在講台正前方的首席大法官愛德華・懷特（Edward White）將雙手高舉過頭大聲鼓掌。媒體報導現場所有人「都跟著一起大聲歡呼，宛如暴風席捲。發自內心的歡呼聲如此深沉而熱烈，彷彿眾人在高聲祈禱」。[50]

一九一七年四月六日，也就是伍德羅．威爾遜發表演說一個月後，他簽署了對德國的正式宣戰書。沒有人責怪總統倉促行事；真要責怪，許多人遺憾的是太遲宣戰，這顯示威爾遜明白早該怎麼做才對。《紐約時報》社論表示：「總統如今終於明白，或被迫承認他想必早就知道的事情，他知道目前王朝統治下的德國，懷抱著永遠無法滿足的野心，抱持著邪惡的念頭與想法，這個國家從來都不是我們的友邦，也絕對不可能是我們的友邦。」[51]

下檔保護激發行動力

後來成為英國首相的溫斯頓．邱吉爾（Winston Churchill）在回顧這場戰爭時，回憶起導致成千上萬名戰士喪生的殘忍壕溝戰，對威爾遜提出了嚴厲的指責，認為是他造成了不必要的戰爭傷亡：「他早該在一九一五年五月就做出一九一七年四月所下的決定。如果他早做決定，可以多早結束這場大屠殺；可以少去多少的苦痛；可以避免多少的破壞和悲劇；數百萬個家庭如今空著的椅子上就會有人坐著；勝利者與戰敗者共同面臨和生活的這個殘破世界會有多麼的不同！」[52]

邱吉爾是一名偉大的歷史學家和政治家，他知道事情的原委。**威爾遜在一九一五年五月逃避戰爭是因為他想連任。這位總統為了想繼續掌權所公然採取的策略，導致這場大戰延長，也造成了驚人的死亡人數。**

美國國內的政治情勢導致國外人命的犧牲，而且並非僅此一次而已，但威爾遜的行為同時也傳達出另一個訊息。**他在一九一七年願意採取行動，證明了下檔保護的力量讓白宮擺脫了束縛。即使看起來是同一個人，但當選連任的美國三軍統帥已經不同，變得比第一任好戰。第二任期的總統身上應該要貼張警告標語：別惹毛任期將屆的總統。**

第 3 章

無罪 vs 有罪：懂得靠關係，犯罪沒關係？

美國各州的州憲法大多賦予州長特赦權，也就是藉由赦免罪犯、抹去罪行或減刑來展現慈悲。這種做法至少可以追溯至中世紀時期，當時在英格蘭凡是殺人，即使是過失致死，都被視為重罪，因此在如此峻法下，國王可以赦免未獲得公平刑罰的罪犯，藉此展現慈悲。例如在一二四九年，四歲大的凱薩琳・帕薩旺（Katherine Passcavant）便被判處監禁，理由是她在開門時不小心將一名幼童推入一盆熱水，導致該名幼童死亡。由於法庭無法宣告凱薩琳無罪，因此必須由國王大發慈悲來免除絞刑。[1]

州長也會赦免罪犯，但此舉往往會受到政治因素干擾，因為減免死刑會讓候選人有寬待犯罪的形象，不利於爭取選票。在臭名昭彰的威利・霍頓（Willie Horton）廣告中，提及已遭定罪的殺人犯霍頓在度過暫行外出假期的期間，犯下了性侵案及搶劫案。這則廣告讓當時的副總統喬治・布希（George H. W. Bush，俗稱老布希）在一九八八年的總統大選中，擊敗前任麻州州長麥可・杜卡基斯（Michael Dukakis）。

杜卡基斯並未釋放霍頓，他只不過是在擔任州長時，支持麻州的監獄暫行外出制度，但這已足夠讓布希陣營詆毀他的名聲。布希在美國選舉人團中以四百二十六票對一百一十一票大勝對手。

基於殺人犯外出時可能有再度殺人的風險，州長因此無法輕易展現仁慈，除非州長未來不會再面臨任何選票壓力。[2] **相較於可能競選連任的州長，最後一個任期的州長替死刑犯減刑的機率高出五〇%**。[3]

前一章提到總統在第二任期會出現大膽的行為，這也可以用來說明即將卸任的首長給予特赦的行為，但某些州長和總統實在做得太過火了。州長在卸任前幾天濫用其神聖的特赦權，廣發「最後一刻」特赦令給有背景人脈的慣犯。這種魯莽行為讓某些違法者凌駕於法律之上，不僅破壞了刑法制度，也造成了附帶傷害，需要日後採取彌補行動。以下兩則州長不當行為的事例也證實了這個問題。

一九七九年一月十五日星期一，即將卸任的田納西州民主黨州長雷・布蘭頓（Ray Blanton）簽署了執行特赦的文件，釋放了五十二名囚犯，包括十二名已經定罪的殺人犯。其中爭議最大的就是羅傑・漢弗瑞斯（Roger Humphreys），他是一名富有支持者之子，因使用雙管大口徑手槍以十八發子彈射殺前妻及其男性友人而遭定罪。[4]

一個月後，聯邦調查局通知當時四十九歲的雷・布蘭頓接受調查，理由是他涉嫌販賣特赦令。[5] 布蘭頓曾三度擔任國會議員，而後於一九七五年選上州長。一九七九年一月十七日星期三，新任田納西州州長拉馬爾・亞歷山大（Lamar Alexander）比原定日期提早三天在臨時舉行的典禮上宣誓就職，以避免前任州長在卸任前發出更多的最後一刻特赦令。[6] 新任州長表示布蘭頓「有辱州長之職」，但他無法撤銷前任州長的任何決定。[7]特赦令一經發出就永遠有效。[8]

曾替布蘭頓工作的說客尼爾森・畢德爾（Nelson Biddle）提及這位州長：「他以強硬手段玩弄政治，他認為一個人要對朋友忠誠，要對敵人強硬。如果你拿到選票，就可以當家作主。」[9]當一名記者追問布蘭頓的過往，這位州長回答的語氣就像是一名民粹主義傳教士：「你想找一個懦夫或某個不知民間疾苦的富二代嗎？」[10]畢德爾進一步證實了布蘭頓的反菁英作風：「他打從心底痛恨菁英階層。」[11]孟菲斯市（Memphis）某報社稱民主黨的布蘭頓為我們的「鄉下尼克森」。

六十四歲的哈利・巴勃（Haley Barbour）是共和黨全國委員會（Republican National Committee）前主席，他在二〇一二年證明了俗稱「大佬黨」的共和黨州長可能也利用卸任前的最後機會大發特赦令。巴勃曾考慮參加二〇一一年總統大選，因此登上媒體頭版，但最後他決定做滿密西西比州州長第二任期的最後一年。

二〇一二年一月十日星期二，他因為不同原因而再度登上報紙頭版，因為他在任期最後一天發出一百九十三張特赦令。[12]巴勃前一任的州長羅尼・馬斯格羅夫（Ronnie Musgrove）在他唯一的任期內只發出一張完全特赦令，而再前一任的州長柯克・佛迪斯（Kirk Fordice）在他的兩個任期內總共也只發出十三張特赦令。

巴勃的特赦名單上充斥著當地名人：

- 波頓·華登（Burton Waldon）因酒駕肇事導致一名十八個月大的男孩喪生。[13]然而，華登來自一個富裕旺族，這個家族一直提供共和黨慷慨的政治獻金。
- 道格·海德曼（Doug Hindman）是傑克森市（Jackson）一名心臟科醫師之子，他因為對喬裝成女學生的臥底警察發送數百封具有明顯性暗示的簡訊而遭到逮捕，最後他也受惠於巴勃友人的特赦請求。
- 歐內斯特·法佛（Ernest Favre）因酒駕意外導致摯友喪命，而他是密西西比在地居民，也正是進入名人堂的四分衛布萊特·法佛（Brett Favre）的兄弟。

有一篇社論表示，根據威利·霍頓事件的教訓，巴勃「如果此時正在競選總統，很可能會少發一些特赦令」。[14]巴勃想必也不會赦免被判無期徒刑的大衛·蓋特林（David Gatlin），他射殺了分居的二十一歲妻子，而且在蓋特林朝她的頭部開槍時，她手裡還抱著六個月大的嬰兒，此外，他也射傷了她的朋友藍迪·沃克（Randy Walker）。沃克聽到特赦的消息時說：「我覺得自己的安全受到威脅。不知道他會不會來完成上次沒做完的事情。」[15]蓋特林後來表示：

「我本來不應該出獄。是上帝讓我出來的。」[16]

權力可以強化司法，也可以危害公正

布蘭頓和巴勃的行為如同協助越獄，可說是近代史上最著名的卸任前特赦醜聞，唯一可能比得上的是柯林頓總統在第二任期即將結束時的表現。

在二〇〇一年一月二十日星期日，就在比爾・柯林頓卸任前幾小時，他發出了一百四十張特赦令並為三十六名囚犯減刑，《華盛頓郵報》因此寫道：「這份破格的清單不論在程度或規模上都遠超過歷任總統在卸任前給予的特赦。」[17] 柯林頓政府司法部的特赦檢察官羅傑・亞當斯（Roger Adams）表示：「這真的是前所未見。」

在此之前，這位總統在八年任期內共發出四百份特赦令，相當於每星期不到一份。但柯林頓打算衝高這個數字，他在二〇〇一年一月十八日星期四最後一次搭乘空軍一號時，以開玩笑的口吻問在場媒體記者：「你們有沒有希望什麼人獲得特赦？」此話一出便逗樂了大家。[18]

比爾・柯林頓在他的總統任期尾聲宛如一陣旋風，他在最後一星期整天轉個不停，一方面哀嘆自己無法繼續參選連任，一方面也告訴他的副手如果他這幾天完全不睡覺，「感覺就像又多執政了四年」。[19] 他狂吃自己最愛的療癒食物（披薩和糕點）；在白宮的廊道上閒逛，發送簽名和紀念品給職員，並發布將近四千頁的行政命令及條例。但這些瘋狂舉動都比不上他在任期最後發出的特赦令。從星期五晚間到一月二十日星期六早上新任總統喬治・布希就任前數小時，柯林頓一直忙著修改自己的特赦名單。**最後這位總統頂著一張紅臉、睜著視線模糊的雙眼，交出一份不含任何殺人犯的特赦名單（三軍統帥只能赦免違反聯邦法的罪犯），但名單內含的狂妄可說已經超越了布蘭頓和巴勃的特赦清單。**

首先，柯林頓赦免了自己的弟弟羅傑（Roger Clinton），以及美國住房及城市發展部（Department of Housing and Urban Development）前祕書長亨利・西斯內羅斯（Henry Cisneros）；羅傑因涉嫌販賣古柯鹼而認罪，而亨利則因未向聯邦調查局坦承自己給予前情婦的資金金額而遭定罪。[20] 基於紳士精神，柯林頓也給予這位情婦，同時也是政治獻金募款者的琳達・瓊斯（Linda Jones）特赦令。

這位總統也替毒販的卡洛斯・維格納利（Carlos Vignali）減刑，因其家人承諾若案子順利解決，將給予希拉蕊・柯林頓的弟弟休・羅德姆（Hugh Rodham）二十萬美元。[21] 他也特赦了蘇珊・麥克道格（Susan McDougal），她在白水開發案（Whitewater Development）* 中因違反銀行詐欺法而遭定罪，並因拒絕出面作證希拉蕊及比爾・柯林頓也涉入這項失敗的房地產開發案而入獄。[22] 但柯林頓給予通緝犯金融家馬克・李奇（Marc Rich）以及他較不出名的合夥人平卡斯・格林（Pincus Green）的特赦，對司法體系造成的傷害大於其他所有的特赦令。

二〇〇一年，時年六十六歲的馬克・李奇身著優雅的深色西裝，打著酒紅色領帶，時常抽著禁止販售的古巴雪茄，透過與敵國進行石油交易而致富。李奇一直是一名成功的大宗商品交易員也是大膽的冒險家，他違反了美國自一九七九年人質危機發生後所頒布的法令，向伊朗購買低價原油再到全球市場上販售。

一九八三年，他遭到聯邦檢察官以詐騙、郵件詐欺、逃漏稅，以及違反貿易禁令等罪名起訴，若上述罪名都成立，李奇及其合夥人格林將面臨三百年的刑期。為了逃避訴訟，這兩人逃到了瑞士，也就是馬克・李奇公司（Marc Rich & Company）總部所在地。李奇和格林在瑞士法律保護下並未被引渡回美國，這兩人也從此再未返美。根據紐約州南區前助理檢察官及本案主任檢察官莫里斯・溫伯格二世（Morris Weinberg Jr.）的國會證詞：「本次起訴是目前史上規模最大的逃漏稅案件」，而這兩人「已經列入全球最重要的權貴通緝犯名單中」。[23]

與這兩位逃犯交好的柯林頓密友不斷向他施壓，要求給予特赦，其中又以馬克的前妻丹妮絲・李奇（Denise Rich）影響力最大，她是民主黨百萬美元等級的金主，同時也是多次獲得葛萊美獎提名的天才作曲家，作品包括席林．狄翁及馬克．安東尼的暢銷曲。丹妮絲透過多次捐款而與柯林頓總統交好，包括捐贈四十五萬美元給總統做為圖書館資金，十萬美元獻金資助希拉蕊．柯林頓的美國參議員競選活動，以及一萬美元做為總統的國防資金。柯林頓在二〇〇〇年十一月出席的慈善晚會，是由馬克與丹妮絲為紀念女兒而成立的癌症研究基金會所主辦，丹妮絲在當時贈送了柯林頓一支鍍金的薩克斯風。他說：「感謝妳所做的一切，妳讓希拉蕊和我能為民服務。」[24]

除此之外，丹妮絲．李奇給總統的特赦請願函中也寫道：「我以您的朋友及仰慕者的身分來信，和眾人一起敦請總統赦免我的前夫馬克．李奇，他是在不當的指控下被強加罪名。」[25]而後她在白宮晚宴中與總統同桌，又進一步說：「我知道您收到我的信了，這件事對我真的很重要。」只有丹妮絲才知道她協助前夫的真正理由，但她後來拒絕在國會中作證自己在本次特赦中所扮演的角色，並主張自己擁有憲法第五修正案保障的權利†。[26]

---

* 白水開發案發生於一九九〇年代，又稱白水門事件。柯林頓曾持有白水開發公司約五〇％股權，且與老闆熟識，後來該公司不僅涉嫌從事銀行詐騙，且另有傳聞柯林頓與其妻子曾透過該公司調度資金參與選舉，但最後調查結果並未發現明確的證據。

† 美國憲法第五修正案表示，任何人不得因同一犯罪行為而兩次遭受生命或身體的危害；不得在任何刑事案件中被迫自證其罪；不經正當法律程序，不得被剝奪生命、自由或財產等權利。

美國檢察官在國會聽證會上則沒有那麼沉默。紐約州南區前助理檢察官馬丁・奧爾巴赫（Martin Auerbach）曾與溫伯格一同調查本案，他後來作證這項特赦令根本毫無依據：「我今天來此是為了表達我……和許多美國人民對柯林頓總統給予馬克・李奇及平卡斯・格林特赦的憤怒……本次特赦的意圖，正如我兩度投票支持的前總統曾說過的，是一個巨大的錯誤……李奇和格林先生是大宗商品交易員，這份工作原本就是一種賭博性質的職業。正如一首關於賭徒的老歌所寫的，你得知道何時要堅持、何時要棄牌、何時要走開，以及你得知道何時要逃跑……這兩個人是因為事實而逃跑，也因為事實而無法回國。」[27] 奧爾巴赫隨後要求國會委員會確保未來的總統不會再「犯錯」，不要再赦免「對美國法律嗤之以鼻」的通緝犯。

媒體也對比爾・柯林頓的不當行為所造成的餘波發表社論。[28]《紐約時報》將他給予馬克・李奇的恩惠稱為「站不住腳的特赦」，並表示這是「令人震驚的總統權力濫用」，而且「絕對是立憲者當初始料未及」。《華盛頓郵報》在一篇標題為「不可饒赦」的報導中表示，「柯林頓先生給李奇先生這份可恥的大禮，損害了總統特赦權的正直與莊嚴特性。」《基督科學箴言報》（*Christian Science Monitor*）總結了相關的傷害：「**憲法賦予總統權力來減免或赦免違反美國法律者的罪刑。若運用得當，這項權力可以強化司法。但若使用不當或令人質疑，則會破壞民眾對司法公正的信心。**」

在一九九八年彈劾訴訟案中，支持柯林頓的麻州民主黨國會議員巴尼．弗蘭克（Barney Frank）認為自己彷彿被李奇特赦案打臉：「比爾．柯林頓做出如此不公的事情，澈底背叛了所有曾經大力支持他的人，令人鄙夷。」[29] 弗蘭克身為眾議院司法委員會的一員可以對此採取行動。他指出柯林頓做此決定的時間點，並表示：「我發現主要問題在於總統在無須顧慮選舉結果時所發出的特赦令。」[30] 二〇〇一年二月二十七日，就在柯林頓大發特赦令不到兩個月後，弗蘭克便提出憲法修正議案，禁止總統在總統大選舉行當年度十月一日後至隔年一月二十日新任總統就職當日發布特赦令。**這項議案讓選民得以懲罰濫發特赦令的總統所屬的政黨，因此可減少總統在卸任前發布的特赦令**。弗蘭克認為這項修正案通過的機率很高：「平常機率不高……但我認為目前的情況可能已經激起夠多的民憤。」

《密蘇里法學評論》（*Missouri Law Review*）期刊有一篇文章〈在總統任期尾聲取消特赦權〉（"Suspending the Pardon Power During the Twilight of a Presidential Term"）提及共和黨的過錯，[31] 此文進一步促使兩黨支持巴尼．弗蘭克議案。

喬治．布希在一九九二年十一月三日競選連任失敗，他在一九九二年十二月二十四日，將包裝精美的特赦令聖誕禮物送給前國防部長卡斯帕．溫伯格（Caspar Weinberger），那時距離老布希將白宮鑰匙交給柯林頓的日子只剩不到一個月了，而溫伯格原本要為了在國會中針對伊朗門事件撒謊而接受審查。

隔天，前聯邦法官及伊朗門醜聞案特別檢察官勞倫斯・瓦爾許（Lawrence Walsh）發表了一篇聲明，他指出此次的特赦包庇將造成嚴重的後果：「溫伯格先前故意隱瞞和扣留許多當時與伊朗門事件相關的文件，嚴重影響了官方的調查，也導致未能及時對雷根總統和其他官員提出彈劾訴訟。」[32]瓦爾許同時也是一名共和黨終身黨員，他說明了這份卸任前發出的特赦令所造成的傷害：「布希總統給予卡斯帕・溫伯格及其他伊朗門事件被告的特赦令，破壞了法律之前人人平等的原則，也表示有權勢的相關當權人士可以在政府高層犯下重罪——他們能故意濫用人民的信任而無須承擔任何後果。」

為特赦權設限有利也有弊

巴尼・弗蘭克阻止總統在卸任前發布特赦令的提案最後無疾而終。**學術界有部分人士反對這項提案，認為「即將卸任的總統無須再顧慮政治壓力，可能因此發出公正且明智但政治上不受大家支持的特赦令。給予這種無私的仁慈，正是特赦的精神所在」**。[33]根據這些教授的想法，弗蘭克提議的修正案會將總統在卸任前值得褒獎的仁慈行為與可恥舉動一併禁止。他們認為壞的決定會上頭條，而好的決定則是隱沒在司法部的檔案中。

少有人記得巴拉克・歐巴馬（Barack Obama）所頒布的特赦。他在二〇一七年一月卸任的前三天，發出特赦令給前海軍四星上將及參謀長聯席會議（Joint Chiefs of Staff）主席詹姆斯・卡特萊特（James Cartwright），詹姆斯坦承在聯邦調查中不實否認自己將機密資訊洩漏給《紐約時報》記者。歐巴馬也赦免了威利・麥考維（Willie McCovey），也就是進入名人堂的舊金山巨人隊一壘手。他因一九九五年未申報運動卡片展及紀念品銷售的約一萬美元收入而被判逃漏稅有罪。麥考維在獲得特赦一年後過世。[34]

縮短總統在卸任前的權力有效期或許可以防止老布希與柯林頓等人濫用制度，但並不能阻止近代史上最具爭議性的特赦發生。傑拉德・福特（Gerald Ford）總統於一九七四年九月八日給予同為共和黨員的理查・尼克森特赦令——就在尼克森不光彩地辭職離開白宮總統辦公室的四個星期後。

福特辯稱此次特赦可以終止「全國漫長的夢魘」，但媒體稱之為「不明智、引起分裂，且不公正的行為」。[35]福特上任兩天後，他的白宮發言人傑里・泰爾霍斯特（Jerry terHorst）向記者保證：「福特先生絕對沒有讓前總統逃避刑事訴訟的意圖。」[36]他也提醒大家，福特在一九七三年他的副總統聽證會上曾說：「我不認為民眾會接受這件事。」而在福特給予尼克森特赦令後，泰爾霍斯特便辭職以示抗議。[37]

福特的態度不變或許導致共和黨在白宮的防線出現轉變，也給了民主黨的吉米・卡特（Jimmy Carter）足夠的火力，使他順利在一九七六年的總統大選中占上風，這可以是一個可悲或可喜的結果，純粹視個人所屬的黨派而定。但此次特赦也讓未來的總統可以為自己的不當行為找掩護。尼克森逃過了多項罪名，包括他開除水門案的特別檢察官阿奇博德・考克斯（Archibald Cox），這個過分的舉動不但被聯邦法官裁決為違法，也引發了憲法危機。[38]

尼克森逃過了遭到起訴的命運，讓唐納・川普在二〇一八年更輕易地威脅要開除特別檢察官羅伯特・穆勒（Robert Mueller）。雖然川普並未真的開除穆勒，但在穆勒調查俄羅斯干預美國二〇一六年總統大選的傳聞期間，這位第四十五屆總統在推特（Twitter）上胡亂發表了一篇影響深遠的貼文：**「許多法學專家都說我絕對有權力給予自己特赦，但我根本沒有做錯事情，為何要特赦自己？」**[39]

川普的推特貼文看起來就像是假新聞，但其實並不如大家所想的那樣荒謬。**法學專家對於總統特赦權的限制有不同的看法；有些人指出除非遭到彈劾，否則憲法並未針對總統特赦權明定限制，因此支持川普的主張；但也有人表示自我赦免讓總統的權力大過法律，沒有人應當如**

此。最高法院於二〇二〇年七月裁決紐約州檢察官得調閱川普總統的退稅資料，推翻了這位總統宣稱自己可以豁免於這些調查的主張。川普任命的法官布雷特・卡瓦諾（Brett Kavanaugh）寫下自己的想法：「在我國政府體系中，正如本法院經常做出的表示，法律之前人人平等。此原則當然也適用於總統。」[40]

已故芝加哥大學法學家菲利普・庫蘭（Philip Kurland）過去曾協助美國參議院司法委員會得出尼克森妨礙司法的結論，他總結關於總統自我特赦的文獻說：「顯然這件事沒有答案。」[41]密西根州立大學法學教授布萊恩・卡爾特（Brian Kalt）則表示：「我們只能推測如果總統想這麼做，會發生什麼情況……但沒人能確知。」[42]

避免權力暴衝的減速機制

只有修憲才能消除特赦的問題，但這不可能發生。不過，美國州憲法已有透過審查委員會來修改州長特赦權力的決定，國會可以借用此概念來盡可能減少傷害，例如，透過設立一個公眾小組來支持或否決總統的赦免令，如此不但能隨時限制有疑慮的決定，也能准許真正仁慈的行為，直到總統任期結束。

只有北達科他與南達科他兩州賦予州長毫無限制的決定權，程度上與聯邦憲法賦予總統的權力相當。[43]而在康乃狄克州、德拉瓦州、喬治亞州、愛達荷州、路易斯安那州、明尼蘇達州、蒙大拿州、內布拉斯加州、奧克拉荷馬州、賓州、南卡羅萊納州、猶他州以及華盛頓州等十三州，州長任命的特赦委員會負責審查特赦決定，並提出從勸告到具有約束力的建議。在達拉瓦州、堪薩斯州、路易斯安那州、蒙大拿州、內布拉斯加州、奧克拉荷馬州、賓州、德州以及華盛頓州等九州，州長特赦的對象僅限於委員會提議的人選。

國會委任的特赦審查委員會不得推翻憲法賦予總統的特赦權，但可以像繁忙街道上的減速丘，減緩總統在卸任前發出可能破壞審查制度的特赦令，同時也給予真正的仁慈舉動一個安全通道。由顧問小組公開發表的責難，或許能阻止比爾·柯林頓給予馬克·李奇特赦令，又能讓巴拉克·歐巴馬表達對威利·麥考維的同情。若有特赦委員會一同承擔赦免尼克森的責難，傑拉德·福特也不會遭受那麼多批評。第二任期的總統或許仍可以將自己的名字放進卸任前發出的特赦名單中，但這種自以為是的舉動可能不只是造成附帶傷害，甚至會導致憲法危機。

第 4 章

獲救 vs 落難：難民全靠希望與絕望續命

二〇一五年九月十五日星期二，一名二十五歲的敘利亞女子多亞（Doaa）帶著她的兒子納希姆（Nassim），來到位於希臘與保加利亞邊境附近的土耳其埃迪爾內臨時難民營。她一星期前才在伊斯坦堡產子，而後從大馬士革徒步跋涉最後約十六公里的路程來到難民營，她試圖逃離敘利亞的殘酷內戰。

多亞拒絕透露自己的姓氏，唯恐留在家鄉的家人會遭到暴力報復，但她以相當於馬拉松跑者的毅力不停強調：「我們不要回去。我們要去歐洲，就算要我一路走去德國都行。」[1]

多亞並不孤單。至少有上千名難民和她一樣決心從陸路穿越希臘，因為這條路線遠比坐船穿越愛琴海到希臘諸島安全。他們都見過一名三歲敘利亞男童艾蘭・庫迪（Aylan Kurdi）的屍體俯臥在沙灘上，他是跟著父母坐船在愛琴海上遇難，屍體才被沖到岸上來。

那些賭上性命從希臘進入歐洲的難民，各自懷抱著不同的動機。十三歲的阿瑪・阿伯丁（Amar Abdin）帶著一件白色無袖背心、一件短褲和一雙舊籃球鞋，同樣從大馬士革前往德國。他說：「我們每經過一個國家就丟掉一些家當，最後我只剩下這件短袖上衣了。」[2]阿瑪擔憂他們這群人的安危：「你走的每一步都冒著生命危險。有很多人利用別人。我們還是不敢相信自己逃出來了。大家都互相問對方──『我們還活著嗎？我們真的逃出來了嗎？』」阿瑪不像多亞害怕遭到迫害，他的目標是要把握經濟上的機會：「在敘利亞活不下去。我已經沒有什麼東西可以失去了。但德國是一個大國，那裡的商業很興盛。在二〇〇八年金融危機爆發時，德國是唯一持續成長的國家。」

土耳其警方試著阻止難民跨越國界前往希臘，他們圍捕難民將其送回伊斯坦堡。二十八國組成的歐盟給予土耳其六十億美元以上的資金，以報答該國加強邊境管制——這份獎勵足以讓土耳其警方成為歐盟的邊境守衛，關閉通往歐洲的大門。[3]

難民聚集的土耳其埃迪爾內省省長杜爾珊・阿里・沙欣（Dursun Ali Sahin）表示：「我們採取一些措施來防守邊境，防止有人越境進入保加利亞和希臘。我們會試著勸他們回去原本的地方。」[4]當傳來難民的抱怨聲時，沙欣說：「如果有國家邀請你過去，我們會幫忙規劃你前往該國的旅程。但目前為止，沒有一個國家正式邀請你。」

歐盟提供資金給土耳其去阻止敘利亞移民，反映出國家對外國求職者的偏見。**一項針對歐洲十五國一萬八千人所做的調查顯示，反移民的心態主要是針對為求改善經濟狀況而越境的難民，例如阿瑪・阿伯丁，而非如多亞等為了逃離荼毒的難民。**[5]**但移民署官員很難區分兩者的差異，而且懷有不同目標的難民行為又很相似，讓問題變得更混淆，畢竟這兩種難民都已經沒什麼可以失去了，因此往往不惜冒著生命危險行動。**這種混淆可能造成致命的傷害，因為人們將因忌憚機會主義者而拒絕給予受迫害的人庇護。

歷史上各國的限制移民措施

部分歐盟會員國已經建立圍籬來遏阻移民者，包括奧地利、保加利亞、希臘、匈牙利和斯洛維尼亞都做了此措施，但阻擋外國人進入的實體圍牆藍圖其實歷史很久遠。[6]英格蘭的哈德良長城（Hadrian's Wall）建於西元二世紀，那是一道長約一百二十八公里的石牆，標記著羅馬帝國的北界，也分隔了羅馬人和蠻夷。[7]為了類似的目的，中國歷代皇帝也在兩千年之內，陸續修築了一道長約兩萬一千公里的長城，期望藉此分隔中原與北方蠻夷。

較不出名的是奧法堤（Offa's Dyke）軍事工程，這是麥西亞國王奧法在八世紀下令修築的土堤，此邊界分隔了英格蘭與威爾斯，並鞏固麥西亞的歐洲強權地位。[8]**這些建築結構體雖然都具有某種軍事價值，但卻更像是狼留下來的氣味標記，警告著可能的闖入者不要擅入這片領地。**兩者的差異只在於人類以石塊而非尿液來實際威嚇外來者。

某些國家享有天然屏障，因此無須修築人為的障礙。例如，美國受惠於大西洋與太平洋的保護，也因此早期能夠包容移民。在十九世紀前半，擁有謀生技能的外國人有資金可以橫越大洋，因此移民人潮中以足夠帶動經濟成長的鐵匠和木匠等工人為主。[9]而在十九世紀後半，因越洋旅費降低而減少了有效的屏障，使新一波的東歐移民潮就此誕生。許多沒有特殊技能的移民也藉此逃離貧窮與種族迫害。美國境內國外出生者的人口比例大幅增加，從一八五〇年的一〇%增至二十世紀初的一四%以上，引發了美國孤立主義者的強烈反彈。[10]

美國國會於一九二四年實施移民法，拉高法律限制以阻礙不受歡迎的歐亞移民。該法案是由華盛頓州第三國會選區的共和黨代表議員阿爾伯特．詹森（Albert Johnson）所發起，在眾議院以三百二十三票贊成票對七十一票反對票通過。詹森在議會辯論中說明：「美國不能再當庇護所了。」[11] 該法針對未來不同國籍的移民制訂了嚴格的人數上限，且較為寬待已有家人住在美國的英裔移民。[12] 紐約州共和黨國會議員菲奧雷洛．拉瓜迪亞（Fiorelo La Guardia）表示：「該法案中的限額計算方法透露出對猶太人及義大利人的歧視。」[13]

在接下來的十年內，反移民政權禁止逃離德國納粹迫害的難民進入美國，包括在一九三九年禁止載有九百多名男女及兒童的聖路易斯號（MS St. Louis）入港，導致該船必須返回歐洲。為了記住這場悲劇，此事在一九七六年被翻拍成電影《苦海餘生》（*Voyage of the Damned*），由一線演員擔綱演出，包括費．唐娜薇（Faye Dunaway）、麥斯．馮．西度（Max von Sydow）、詹姆斯．梅遜（James Mason）和奧森．威爾斯（Orson Welles），此片在二次大戰後鼓動了人們對流離失所者的同情。

一九五一年在瑞士日內瓦舉行的一場國際會議中，正式批准了一項由聯合國提出的協議，

該協議保證收容那些「因種族、宗教、國籍、屬於特定社會族群或政治主張不同而受到壓迫」的尋求庇護者。[14] 二十一世紀逃離迫害者一定享有的安全庇護，便是源自於這項協議。回顧蒸氣客輪聖路易斯號的顛沛之旅，更能凸顯人們在面臨死亡威脅時的迫切行為，這或許有助於現代的移民主管機關判斷誰值得接受庇護。

聖路易斯號難民寧死不回國的迫切行動

一九三九年五月十三日星期六，漢堡－美洲航運公司（Hamburg-Amerika Line）旗下一艘德籍客輪聖路易斯號，由當時五十四歲的船長古斯塔夫．施洛德（Gustav Schroeder）掌舵，從漢堡出發前往古巴。船上九百三十七名乘客幾乎都是逃離納粹迫害的猶太人，他們已經向駐德古巴移民處長購買了「登陸許可」。

十歲大的漢斯．戈爾茲坦（Heinz Goldstein）隨父母赫曼（Hermann）與麗塔（Rita）一同登上聖路易斯號，很快就在船上近兩百名兒童中找到了玩伴。他記得當時船上洋溢著歡樂的氣氛，彷彿就要展開一場「大冒險」。他享受著「爬進救生艇的機會，四處玩躲貓貓，也和其他小朋友一起跑去船長的艦橋」。[15]

然而，許多大人卻淚眼婆娑地向留在家鄉的親人道別。亞倫・波茲納（Aaron Pozner）身為兩個孩子的父親，他才剛從達浩（Dachau）集中營被放出來，釋放的條件是允諾會離開德國，但他的錢只夠買一張船票。[16] 他在走上客輪舷梯之前，停下腳步哭著擁抱他的妻子，並向她保證等他賺夠錢，一定會派人來接她和他們的孩子。但這個承諾永遠無法實現。

不過，也有許多登船的家庭對此感到放心，因為他們將踏上旅程，遠離後續的災難。自六個月前那場名為「碎玻璃之夜」（Kristallnacht）的暴動發生後，攻擊行動逐漸擴大。暴徒在那場暴動中，打破德國各地猶太人商店及猶太教堂的玻璃。這場由納粹黨暴徒策劃的破壞行動於一九三八年十一月九日發動，且一直持續到隔天，造成數百人死亡。這場行動也表示納粹黨的迫害已經由經濟箝制轉變為人身傷害，包括公然毆打、監禁和謀殺。聖路易斯號就像是帶著大家前往自由的魔毯。

但這趟旅程的發展卻跟計畫完全不同。這艘船於一九三九年五月二十七日星期六抵達哈瓦那港，船上乘客有如歡度新年一般開心慶祝，但隨後古巴總統費德里科・拉雷多・布魯（Federico Laredo Bru）便下令將聖路易斯號隔離，禁止乘客下船。拉雷多・布魯否認了駐德古巴官員販售的「登陸許可」的合法性，且為了回應先前在哈瓦那出現的反移民暴動，他在六月一日下令聖路易斯號必須在隔天啟程返回德國。[17]船上乘客在哈瓦那的親朋好友駕著小船繞行聖路易斯號，大聲鼓勵著上方哭喪著臉、倚欄杆而站的乘客。但警方在路易斯號的側邊裝上了巨大的探照燈，防止任何人摸黑用繩索垂降至下方友善的小船上。然而，這阻止不了至少兩名乘客自殺的企圖，其中一人是來自漢堡的律師麥克斯．洛威（Max Loewe），他在割腕後跳船。一名船員將他救起，古巴官員將洛威送往卡利斯托．加西亞將軍醫院，但拒絕讓他的妻子一同前往與醫師談話。因此她仍舊待在船上照顧他們的兩名孩子。

漢斯．戈爾茲坦記得當時船上瀰漫著絕望的氣氛：「我記得當時大人都覺得焦慮，他們不斷開會，不斷更新大家做了哪些事情避免回到納粹德國……那些日子真的不好過。大家的心情都很低落……有些人已經待過集中營，經歷過可憐的情況。」[18]有一名男子原本在維也納當律師，他露出假牙給大家看，說自己被關在達浩集中營時，「一名蓋世太保（祕密警察）將他打倒在地上，用力踹他的臉，把他所有的牙齒都打斷了。」[19]

施洛德船長擔心會有更多人自殺，因此告訴古巴當局他不會為船上剩下的乘客安全負責。他統計船上的旅客人數，從漢堡出發時，船上總共有九百三十七名乘客，扣除古巴政府准許其中二十八名持有美國簽證的難民以觀光客身分入境古巴，再扣除在醫院的麥克斯．洛威，以及在旅途中過世的一名乘客後，船上仍有九百零七名乘客。

聖路易斯號在六月二日星期五上午十一點半從哈瓦那出發前往漢堡，但施洛德船長為了避免乘客自殺，將船航向了美國，並停泊在邁阿密外海約五公里處。[20] 乘客委員會向白宮發送了一份電報：「給羅斯福總統，重申緊急請求協助聖路易斯號乘客。總統先生，請幫助這九百名乘客，其中超過四百人是婦女和兒童。」[21] **美國國務院回覆難民必須「列於候補名單上等候」——這要等上數年之久。**[22]

隻身搭乘聖路易斯號的十八歲青年哈利・羅森巴赫（Harry Rosenbach）回想，當時美國海岸防衛隊緊跟在聖路易斯號後方。他的父母只買得起一張船票，因此打算讓他先去美國，之後再接他們過去。「他們想先救孩子，」哈利解釋，而後又說：**「我記得我們就在邁阿密海灘外，海岸防衛隊的船隻繞著我們運行，確保沒有人跳船。這個訊息……直到後來我才明白，我們無法上岸的原因，是因為……這並非政治上的明智之舉。九百個人在這麼大的一個國家，他們卻無法替我們找到一個棲身之處？」**[23]

由於無法入境美國及加拿大，聖路易斯號航向歐洲，但施洛德船長在回程時放慢速度，他拒絕在替乘客找到安全庇護所之前返回德國。施洛德在多年後被大家奉為英雄，因為他原本打算讓聖路易斯號拋錨在英國外海，迫使英國救助難民，但在行動前，最後的協議准許了這艘船停靠在比利時的安特衛普。[24] 由荷蘭、法國、英國及比利時四國分攤負擔，各接受約兩百名乘客，讓他們免於遭受目前德國的虐待。

施洛德船長始料未及的是，荷蘭、法國和比利時在隔年遭到德國占領，當初前往這些國家的乘客中，有兩百五十五人在納粹的死亡集中營內慘遭殺害。[25]更糟的是，聖路易斯號這趟徒勞無功的航行引起了關注，而這關注還造成後來更多的人死亡。

在古巴拒絕難民入境後，前往哈瓦那的奧里諾科號（Orinoco）也收到了來自柏林的命令，要求該船返回德國。奧里諾科號亦是漢堡－美洲航運公司旗下的船隻，上面載有兩百名猶太人。[26]這艘船在法國瑟堡附近折返時，有些乘客寧願跳船也不願回去面對納粹的迫害。其他乘客則是集體發出一封無線電，請求任何一個國家接受他們，並強調：「我們抱著破釜沉舟的決心。」[27]

有篇新聞報導總結了國際間對此事的反應，報導的標題為「難民求助無門，被迫返回帝國」。奧里諾科號是第一艘無法順利遠行的船隻，而後也有許多船隻面臨相同的命運，讓船上的乘客不得不面臨進入德國集中營的命運。聖路易斯號上的哈利・羅森巴赫撐過了那場漫長的旅途而存活下來，但他留在家鄉的雙親卻死在波蘭奧斯威辛的死亡集中營裡。[28]

面對難民議題的正反派意見

一九五一年，在國際會議上有一百四十八國簽署了保障庇護權協議。在二十一世紀，那些害怕在家鄉受到迫害而尋求庇護的人，可以向簽署協議的任一個國家申請難民身分。不像聖路易斯號上的難民必須透過自殺以死明志，難民如今已享有法律上的保障，但這並不表示他們可以輕鬆達到目的。

將提供安全庇護所的國家名稱清單從A排到Z，會從阿富汗（Afghanistan）開始到辛巴威（Zimbabwe）結束，其中也包含全世界人口最稀少的國家吐瓦魯，以及人口最多的國家中國，當然還有人口介於這兩國之間的眾多國家。[29] 大多數尋求庇護者面臨的問題，就是要證明自己在家鄉有遭受迫害的疑慮，而非是個經濟上的機會主義者，而且他們期盼的接待國並不一定親切好客。

易卜拉欣（Ibrahim）是來自蘇丹達佛地區的二十一歲青年，他出生於富裕的家庭，卻因為荼毒該地區的一場種族戰爭而失去一切。易卜拉欣經歷了險阻重重的旅程，長途跋涉約四千八百公里，穿越了撒哈拉沙漠和地中海前往英國。[30] 他在二〇一四年十一月抵達法國的港口都市加萊，距離他的夢想之地只隔著一道約三十二公里寬的多佛海峽，卻幾乎毫無希望可以跨越這最後一道障礙。易卜拉欣決心要改善自己的境況：「在英國我可以完成我的教育。難道我想一輩子拉人力車到死嗎？才不要，絕對不要。想要改變自己，就必須受教育。」[31]

但對任何尋求庇護的人而言，這都是個錯誤的答案。簽署保障庇護權國際協議的國家要求尋求庇護者提出自己受到迫害的證明。易卜拉欣擔心影響到他入境的可能性，因此拒絕透露自己的姓氏，他想鞏固自己經濟上的機會。

然而，英國和其他歐洲國家一樣，光是國內的貧民就已經讓國家自顧不暇了。這層障礙迫使想要尋求更好就業機會的難民嘗試他法，他們試著越過移民主管機關偷渡入境。在易卜拉欣抵達加萊的兩個月前，一名三十五歲的蘇丹籍男子趁著英國學童來參訪時，爬上停好的巴士底部並緊抓住前輪軸，他撐過了約四百公里的回程，最後癱倒在伯明罕停車場。媒體報導：「他當場被捕。」[32]

英國並不是唯一懷疑移民的國家。一九九一年十月，二十七歲的阿巴達里亞・阿茲伊茲・杜庫里（Abdalia Aziz Dukuly）為了逃離賴比瑞亞的內戰，來到位於大西洋的西班牙群島加那利群島尋求庇護。[33] 他在大加那利島的首都拉斯帕爾馬斯被告知他必須到馬德里提出庇護申請，但相較於他逃離祖國，從鄰近國家茅利塔尼亞搭貨輪航行約一千六百公里，這個請求雖然討厭卻只是小事一樁。他來到馬德里，像其他尋求庇護者一樣前往西班牙紅十字會辦公室尋求協助，並說明自己的情況：「我母親在戰爭中喪命，所以我下定決心要躲來歐洲。我已經失去我的家人，再也沒有什麼可以失去了。」[34]當時西班牙只發給七%的移民難民身分，而杜庫里符合接受的條件。

菲立克斯・巴雷納（Felix Barrena）是西班牙紅十字會協助外籍人士中心的主任，他說明其他大多數人面臨了什麼困難：**「根據我的經驗，這是社會問題而非種族問題。人們看到難民睡在公園裡，而且去年夏天有些難民還被逮到在西班牙廣場上販毒，因此大家對難民有既定的印象。」**[35]

即使是充滿同情心的社工之國瑞典，過去曾持續開放國境，如今也限縮其恩惠。瑞典由移民局負責確認尋求庇護者，判斷他們哪些符合「充分理由顯示其有遭受迫害之疑慮」，並認定凡是來自敘利亞、伊拉克或阿富汗等國的人都值得庇護。然而，該移民局往往會否決來自阿爾巴尼亞及科索沃的申請人，懷疑他們的動機完全是經濟上的考量。[36]

許多瑞典人都以國家寬容接納移民的歷史為榮，但來自反移民的瑞典民主黨國會議員寶拉・比勒（Paula Bieler）則對記者表示，那些包容移民的人「大多是沒接觸過移民的瑞典人。是那些住在斯德哥爾摩市中心的頂層政治人物和記者」。[37]每天接觸移民的一名邊境警察表示：「去年夏天，我的祖母差點在醫院裡餓死，但那些移民卻能得到免費的食物和醫療照護。

我認為政府的職責應該是先照顧好本國人民，如果行有餘力再去幫助其他人。」

澳洲的反難民運動要求區分經濟機會主義者和受迫害的尋求庇護者，因此相較之下瑞典的移民入籍考試顯得寬容許多。澳洲總理史考特・莫里森（Scott Morrison）在二〇一八年就職，他曾擔任移民部長，經歷過二〇一三年政府宣布「主權邊界行動」的時期，該行動動員軍力，迫使非法尋求庇護者的船隻在抵達澳洲海岸前改道。莫里森誓言將「採取一切必要行動，確保非法搭船來的難民不會獲得永久簽證的獎勵」。[38]但在計畫實行初期便發生了某樁事件，使這項計畫面臨考驗。

澳洲海軍攔截了一艘載有一百五十七名泰米爾人的船隻，他們是斯里蘭卡的難民，過去一直住在印度。海軍將這些人送往太平洋島國諾魯，澳洲一直將該國當成難民處理或拘留中心。莫里森說明：「這群人可能是經濟移民，因為他們已經在印度安全地生活了一段時間。」[39]

澳洲堅持尋求庇護者必須持有效簽證搭機前來，並證明自己在本國可能受到迫害，但這個流程飽受批評。安東尼歐・古特瑞斯（António Guterres）過去曾擔任聯合國難民事務高級專員，在二〇一五年接受指派成為聯合國祕書長，他表示：「澳洲人對於沒有簽證搭船來澳洲的尋求庇護者有一些奇怪的想法。而這個想法可能要歸因於有數以百計的人死在不適合航行的船上的恐怖實例。因此他們才出現這種仇外心理。」[40]

國際特赦組織祕書長薩里爾・謝蒂（Salil Shetty）則沒有這麼寬容，他表示澳洲的海事政策「嚴重違反了」國際人權公約，並以羅興亞人逃離緬甸政府迫害的代價為例：「我們知道有多少羅興亞人因為澳洲和其他國家的政府拒絕接納他們而死在安達曼海上嗎？」[41]謝蒂將尋求庇護者及移民官員之間的攻防戰比喻為徒勞無功的壕溝戰：**「不論牆築得多高或海岸防衛隊的武器多精良，已經一無所有的人總是會設法逃離無法忍受的情況——即使這表示得拿生命作賭注踏上危險的旅程。」**

莫里森總理領導下的澳洲政府絲毫不打算讓步。克萊格・富里尼少將（Major General Craig Furini）在二〇一八年十二月十四日上任成為「主權邊界行動」的指揮官，他概述了堅定不妥協的立場：「我要告訴所有意圖非法搭船來澳洲的人一句話——千萬別這麼做。在澳洲嚴格的邊境保護政策下，任何非法搭船來澳洲的人永遠無法在澳洲生活或工作。」他接著又補充了細節：「澳洲最近攔截了十三名企圖搭船來這裡但失敗的人。他們浪費了金錢，更不用說冒著生命危險，如今正如你們所見，這些人又回到了斯里蘭卡，並接受斯里蘭卡當局的進一步調查。我會盡全力防守澳洲邊境，查緝所有的偷渡者，以避免脆弱的人在海上冒著生命危險。」[42]

在二〇一九年九月二十日舉行的美國國宴，是美國總統唐納・川普任內的第二場國宴，他也款待了澳洲總理莫里森。[43]嘉賓在白宮玫瑰園的露天座位享用佳餚，會場以巨大的金黃色燈飾點綴，燈光溫暖了潮溼的空氣。總統在餐會中對這位澳洲總理的敬酒致詞帶有濃厚的愛國色彩：「願我們的英雄永遠鼓舞我們，願我們的傳統永遠引導我們，願我們的價值觀永遠讓我們團結一心，願我們的國家永遠是我們的驕傲、勇氣和自由的來源。」[44] 莫里森當然明白川普不太低調提及的統一價值觀。

三個月後，這兩人在日本大阪舉行的全球領導人峰會上見面。川普在會前表示，從澳洲強硬的庇護政策可以「學到很多」。[45] 這位總統提到前澳洲總理麥肯·滕博爾（Malcolm Turnbull）的反難民政策時，還對滕博爾眨個眼表示感謝，說道：「你比我還凶狠。」

史考特·莫里森的當選讓澳洲成立的拘留中心面臨一場大災難，也讓他榮登難民的惡棍排行榜冠軍寶座。莫里森在二〇一九年五月十八日星期六聯邦大選意外獲勝後，在慶祝會上對他的支持者說：「我始終相信奇蹟。今晚的奇蹟屬於每一位仰仗政府以他為優先的澳洲人。這正是我們要做的事。」[46] 所有人都明白他的意思，包括在巴布亞紐幾內亞馬努斯島拘留中心的尋求庇護者，該中心收容了六百名難民，其中多數人來自中東，因試圖搭船進入澳洲而被捕。[47]

根據媒體報導：「在選戰結束，宣布史考特·莫里森先生重掌大權的四十八小時內，已傳出六起自殺未遂案件的細節。其中四人已經送醫，其中包括一名留有遺書的蘇丹男性。另外兩人則是因為試圖在房內引火自焚而遭到警方拘留。」[48] 馬努斯島上一名二十八歲的斯里蘭卡難民沙敏丹．卡納帕西（Shamindan Kanapathi）傳簡訊給難民支持者：「大選結果真的讓我們震驚不已。我們真的非常失望。」

二〇一九年馬努斯島上的自殺情形與一九三九年聖路易斯號上的情況類似，**都透露出失望的心情，也是害怕遭到迫害的尋求庇護者理應獲得庇護的絕望證明**。但疑慮仍未消除。人權觀察組織澳洲區總監伊蓮．皮爾森（Elaine Pearson）曾多次參觀馬努斯島，她表示：「很難確定多少起自殺案件是人們真的想結束生命的重大案件，又有多少起只是想對外求救。」[49]她也說：「但無論如何，自殺案件數都大幅增加。」

即使是假意自殺，忽略自殺未遂案件也可能帶來極大的危險。如同一向心軟的瑞典一時失策便鑄成災難。一項針對斯德哥爾摩非法移民進行的研究調查表示，瑞典移民署未說明理由便拒絕了法提梅－奇恩（Fatemeh-Kian）的申請，「這名五十歲的伊朗籍跨性別者……因為她的性傾向而從伊朗飛來瑞典，並在二〇〇一年十一月向瑞典申請庇護。她在伊朗曾因同性戀而遭到道德警察逮捕，被判鞭刑五十下。」[50]二〇〇四年二月於斯德哥爾摩舉行的聽證會維持原先拒絕庇護申請的決定後，法提梅－奇恩被送進了拘留中心。該項調查後續追蹤發現：「她在遭到遺棄又絕望的情況下，曾在五月初自殺，但被其他拘留者救回。她在醫院住了一晚，隔天又回到拘留中心……她被控假裝自殺……二〇〇四年五月二十五日，拘留中心員工發現法提梅－

奇恩死在房內。孤單又遭人懷疑的她吞服抗憂鬱劑自殺。」

提高條件來阻止放手搏逆轉

一九五一年簽訂保障移民庇護權的日內瓦協議並未明定如何證明迫害，因此留下一個寬如大峽谷的漏洞讓移民接受國利用或操弄。所有國家都會對潛在移民進行訪談，核發難民身分的標準卻會視供需情況而異。

例如，在二十世紀最後二十五年，法國為了因應尋求庇護者人數增加而提高了適當證據的標準。一九七四年兩千名申請庇護的難民有九成獲得了法國政府的許可，當時的申請人以口頭說明就能當成受迫害的證明。但一九八九年有六萬一千四百二十二名尋求庇護者提出申請，法國政府因此開始要求申請者提供診斷證明，庇護申請的許可比例也驟降至二八%。[51]

二〇〇一年法國一名尋求庇護者的律師寫信給他的委託人：「難民委員會打電話通知我，你必須先提出診斷證明證實你身上的傷痕與你描述的事實相符，因此，你必須緊急向阿夫爾地區的醫師約診，同時也去看流亡者醫療委員會的醫師。等你拿到這兩位醫師開的診斷證明後，請立刻傳真給我。」[52]

在二十一世紀，內戰和恐怖主義導致二〇〇八年至二〇一五年間向歐盟提出庇護申請的人數暴增五倍，即使是最善良的難民接待國，國內反難民的氣氛也逐漸高漲。[53]為了區分申請人是害怕遭到迫害還是想找到更好的工作，移民官員煩惱得失眠。**只准許能提出診斷證明書佐證的申請人接受庇護，這個方法或許有用，但會忽略無法治療心理傷害的難民。若僅接受那些試圖自殺的難民，標準又太高，而且可能有為時已晚的風險，也忽略了有些機會主義者同樣願意犧牲生命。**

海地的男人、女人、兒童都為了尋求一個到美國工作的機會，付給人口走私販每人五千美元的代價，「這對多數海地人而言相當於一輩子的積蓄」。[54]大巴哈馬島上的人口走私販往往一艘船塞了超過百人，這座島是前往佛羅里達州比斯坎灣的中途站。《南佛羅里達太陽哨兵報》（*South Florida Sun-Sentinal*）的一則報導強調了相關的危險：「這些旅程可能讓人喪命。五月至少有十四名海地難民因為在巴哈馬沉船而溺死。一九九九年三月，兩艘船在棕櫚灘縣東方約四十八公里處沉沒，三十六人因此死亡。」[55]七十九歲的海地人約翰．菲利浦（John Philiph）自一九六三年起便住在巴哈馬，他說：「他們找不到工作，沒有上班的機會，也賺不了錢……沒有任何一個地方或國家給他們任何幫助。」大巴哈馬人權協會祕書長利天鐸．派森蒂（Leatendore Percentie）說明為何窮困的海地人願意冒險拚死搏逆轉：「當你已經一無所有，就不用再擔心會失去什麼了。」

由於無法明確區分受迫害的人與貧困的人，許多國家對移民關上了大門，而合法的尋求庇護者便成為附帶傷害。

第 5 章

平等 vs 歧視：從一忍再忍到忍無可忍

四十二歲的羅莎・帕克斯是一位裁縫師，但她戴著一副無框眼鏡，儼然像是位圖書館員。一九五五年十二月一日星期四，她在阿拉巴馬州蒙哥馬利市（Montgomery）的公車上，遭司機要求讓位給一名白人乘客，但她拒絕服從，留在座位上不動，因而成為美國民權運動的掌旗手。帕克斯的辯護律師弗雷德・格雷（Fred Gray）在六十年後回首當年，他表示帕克斯遭到逮捕後所進行的各項成功抗爭「並非偶然發生，而是經過縝密的規劃與考量。這並非一蹴而就的事情」。[1]

帕克斯在促成蒙哥馬利公車廢除種族隔離規定的抵制運動中，展現了過人的勇氣，她晚年因此獲得褒揚，包括獲得授予總統自由勳章（Presidential Medal of Freedom）與國會金質獎章（Congressional Gold Medal）。不過，帕克斯遭到逮捕的一個月後失去了工作，最後不得不搬到弟弟居住的底特律市求職。她回顧當年決定對抗「吉姆克勞法」（Jim Crow）*的心境：**「我並不害怕。我只是想清楚了，只要我們接受這種待遇，現狀就會持續下去，所以我已經毫無顧忌了。」**[2]

帕克斯是一位充滿自信，昂首挺胸的女性。她住在蒙哥馬利，一生飽受種族歧視，但她視這場抗爭為個人的抗爭，將「只要我們接受這種待遇」的群體思維，轉變成「我已無所顧忌」的個體思維。這是因為外祖父西爾維斯特・愛德華（Sylvester Edwards）遺傳給她倡導種族正義的天性，而當時若未挺身抗爭只會拖延她的使命。她的信念促成了一項冒險的裁決，不僅間接造福他人，也改變了歷史。

累積的憤恨終於找到突破的可能性

戴著眼鏡的格雷當時是位年方二十五歲的律師，要為帕克斯進行艱難的法律辯護，對抗南方白人勢力，可說是太過年輕。[3]格雷出生在蒙哥馬利，但沒有機會進入阿拉巴馬州全白人法學院就讀。他在一九五四年自克里夫蘭市（Cleveland）的西儲大學（Western Reserve University）畢業後，回鄉開設一人事務所。[4]

由於蒙哥馬利只有兩名黑人律師，但當地非裔美國人市民卻超過四萬人，因此格雷認為在此開業大有可為。他加入全國有色人種協進會（National Association for the Advancement of Colored People，簡稱 NAACP）在當地的分會，並順應自己的志向，尋求希望獲得律師協助

* 即美國早年對有色人種實行種族隔離制度的法律。

辯護民權訴訟案的人士。

他深知黑人對實施種族隔離規定的蒙哥馬利公車積怨已久——由白人坐前排座位，黑人坐後面，而黑人應在前門付車資，卻得從後門上車——這怨念已到了憤恨難平的地步。**非裔美國人必須搭市公車通勤上班，不像許多白人有能力自行開車，所以乘客中黑人占了將近四分之三**。格雷回憶上大學時一天要搭好幾趟公車：先是搭車到蒙哥馬利的全黑人阿拉巴馬州立學院（Alabama State College）上課，下課後再搭車離開；接著是搭車到廣告公司做送報工作，回程再到圖書館，最後返家。[5] 黑人乘客每天抱怨帶槍且享有類似警察權力的公車司機苛待他們，這樣的景況著實令人寒心。

喬治亞・吉爾摩（Georgia Gilmore）是位助產士，也是廚師。她講述在南傑克遜街（South Jackson Street）搭上法庭街（Court Street）路線公車時的情景：「我想踏進前門，司機卻說——『黑鬼，把錢給我。』他接著叫我下去，從後門上車。我走到後面時，他沒等我就把車開走了。」[6]

蒙哥馬利婦女會（Women's Federation of Montgomery）的幹事沙迪・布魯克斯（Sadie Brooks）記得有名公車司機「突然拿出手槍，把一名男性有色人種乘客趕下車」。艾絲黛兒・布魯克斯（Estelle Brooks）女士則訴說道：「我丈夫與一名司機發生爭執後便遭到殺害。」這些事件也許並不常見，但薇樂・貝爾（Veolo Bell）女士對慣常的種族歧視深感憤慨：「我已經好多次在公車上發現有色人種的乘客站著，但前排為白人保留的十個座位都是空的。」奧德莎・威廉斯（Odessa Williams）女士描述的情況就像黑人社區受到暴風雲籠罩而難以喘息：「他們簡直把我們當成狗來看待。」

在一九五五年三月二日星期三，即帕克斯拒絕讓座的九個月前，出現了為黑人所受之屈辱大鳴不平的機會。蒙哥馬利警方逮捕了十五歲的克勞德特・科爾文（Claudette Colvin），她所犯之罪和帕克斯日後的犯行一樣——沒有將公車座位讓給一名白人乘客。

科爾文是蒙哥馬利市布克・T・華盛頓高中（Booker T. Washington High School）的學生。她說明促使她反抗的原因是：「在歷史課學到憲法時，我問老師為什麼我們沒有被賦予和他人相同的權利，因為我們也理應享有這些權利……我從來沒有真正得到一個滿意的答案。」[7] 科爾文接著說道：「隨著年紀增長，我始終不明白，為什麼我們必須走到公車的後面。」少年法庭法官威利・希爾（Wiley Hill Jr.）判處戴著眼鏡、飽餐後體重也只有約四十公斤的科爾文有罪，罪名是攻擊將她驅逐出公車的警官。[8]

一直在等待良機的格雷與科爾文見面，認為「可望藉此機會……質疑蒙哥馬利種族隔離法令是否符合憲法精神。」[9] 於是他開始準備這場訴訟，但有蒙哥馬利民權鬥士之稱的尼柯森，認為科爾文並非代表黑人社區提出控告的有力人選，而這一點至關重要。[10]

尼柯森全名為艾德加．丹尼爾．尼柯森（Edgar Daniel Nixon），通常以「E. D.」稱之。他的職業是鐵路臥車服務員，曾擔任臥車乘務員兄弟會（Brotherhood of Sleeping Car Porters，代表黑人鐵路工人的工會）地方分會的會長。

尼柯森隨著火車遊歷美國其他地區，到過種族歧視程度較美國南方腹地（Deep South）輕微的地方，這分見識促使他在家鄉積極投入民權運動。他曾擔任NAACP地方分會會長，以及該會的州會長，並主導蒙哥馬利的黑人選民登記運動。在尼柯森擔任會長時，帕克斯已成為NAACP蒙哥馬利分會的祕書，尼柯森也幫她登記成為選民。帕克斯形容尼柯森是一位「自豪又有威嚴的人，總是像箭一樣挺直腰桿」。[11] 尼柯森在一九五五年時正值五十五歲，據格雷所說：「任何人凡是與市警方發生問題，或是遇到任何認為無法主張民權的情形，一定會找尼柯森來解決。」[12]

尼柯森與科爾文見面，確認她是否為對抗公車公司的適當人選。雖然這位十幾歲的少女已經準備好應戰，但尼柯森認為她太過年輕善感，容易激動，不適合代表黑人社區進行訴訟。[13] **他回顧道：「一大堆人……都會認為無論……是誰，只要是在公車上受到欺壓的人，都可以做為有力的訴訟當事人。不過，根據我的經驗……完全不是這麼一回事。我必須確保這個當事人**

可以幫我打贏官司。」[14] 這場訟戰勢將耗費大筆金錢，尼柯森認為科爾文無法取信於人，尤其是在他發現科爾文未婚懷孕後。[15] 白人媒體得知這個消息一定會樂不可支。他說明道：「為了能向大眾籌募善款五十萬元來對抗蒙哥馬利公車的歧視行徑，我應當能夠告訴捐款人『我們找到了一位有力的訴訟當事人』。」

一九五五年十二月一日，在帕克斯被捕後，他找到了一位適當的人選。

天選之人擁有絕不接受欺壓的骨氣

帕克斯生於一九一三年二月四日，在阿拉巴馬州的派因勒韋鎮（Pine Level）長大。派因勒韋是蒙哥馬利郡內的一座小鎮，帕克斯母親的家人居住在此。[16] 帕克斯的父親詹姆斯．麥考利（James McCauley）是位技藝精湛的木匠，平時到南方各地蓋房子，鮮少在家。帕克斯記得約五歲時還曾看過父親，但直到長大成人後才有機會再見到他。帕克斯的母親利昂娜（Leona）是位教師，在附近的春山村（Spring Hill）任教，工作日需在此與另一個家庭一起生活，所以把帕克斯交給外祖父母蘿絲與西爾維斯特．愛德華照顧。

生為奴隸的外祖父母兩人對帕克斯有著重大的影響：外祖母沉著冷靜，處事泰然，外祖父則是情感強烈又很熱切。**帕克斯感謝小時候曾在農園遭監工毆打的外祖父教導她「你不用忍受任何人對妳的欺壓」，並說道：「這種理念幾乎可說是在我們的基因內一脈相傳。」**[17]

帕克斯表示外祖父膚色白皙，頭髮筆直，「占盡長得像白人的便宜*。」[18]她記得外祖父的脣槍舌戰：「他總是做出或說出會挖苦或激怒白人的事情或話語……如果有人帶他去見素不相識的白人，他會說——『我叫作愛德華。』」外祖父除了微妙地「挑事」，用他的姓氏愛德華自稱，有時更會「直呼白人的名字……不尊稱他們為『先生』」。**帕克斯知道這樣的舉動很危險，因為黑人應當只稱名不稱姓，也絕對不可直呼白人的名字，且未加「先生」或「女士」的尊稱**。但帕克斯發現這些言談都沒有外祖父勇戰惡敵的骨氣來得危險。

帕克斯六歲時就看到外祖父頑強抵禦「三K黨」（Ku Klux Klan）†對家園的侵害。自第一次世界大戰退役歸來的非裔美國人懷抱著打破種族隔離壁壘的想望，因此引發種族暴力事件，而帕克斯知道「白人不喜歡黑人抱持這種心態」。[19]她描述三K黨在當時「騎馬穿越黑人社區，除了燒毀教堂，還打人殺人」。暴力行為越演越烈，帕克斯回憶道：「我外祖父的槍——一把雙管霰彈槍——甚至隨時都不離身。」她聽到外祖父說：「我不知道他們要是闖進來我可以撐多久，但是頭一個從這道門闖進來的人肯定逃不了。」據帕克斯所說，外祖父並不是想招惹事端：「他不過是想保衛他的家園。」後來三K黨的暴力行為平息，沒有進一步的事件發生，帕克斯用像是失望的旁觀者語氣說道：「我好想看到火拼的場面。我想看到他用那把槍開火射擊。」

六歲的帕克斯可能對「扣扳機」有著浪漫的憧憬，但青少年時期的她就顯得比較矜持了。帕克斯在十九歲時認識了比她年長十歲的理髮師雷蒙・帕克斯（Raymond Parks），但雷蒙到帕克斯的母親在派因勒韋鎮的住家拜訪時，帕克斯卻羞於見他。然而，就像一般的青少年一樣，她很快就臣服於雷蒙那台「後方有隆隆座椅（rumble seat）‡的小型紅色納什汽車（Nash）」。她回憶道：「年輕黑人男性能有自己的車是一件很難得的事。」[20]

帕克斯在一九三二年十二月嫁給雷蒙，搬到蒙哥馬利市居住。帕克斯表示雷蒙是「我遇到的第一位真正的民權運動家」。[21] 雷蒙是NAACP蒙哥馬利分會的成員，當時該會被南方的白人視為反動組織。**帕克斯認為：「他總是儘量與人為善，但每當有白人上前挑釁，他一定會讓他們知道，必要時他還是可以採取行動。在當年，如果你立即表態，他們就不會頻頻來找**

---

* 帕克斯的外祖父有白人血統。

† 白人至上主義的仇恨組織。

‡ 「隆隆座椅」指汽車行駛時會隆隆作響的座位，是老式車輛的額外座位，又稱「丈母娘座」。

麻煩。」

在一九四〇年代初期，雷蒙曾勸阻帕克斯加入NAACP，認為此舉太過危險，但令帕克斯退卻的更大原因是——蒙哥馬利分會沒有女性會員。

在帕克斯發現她的舊友，也就是曾在懷特女士女子工業學校（Mrs. White's Industrial School for Girls）與她同窗的瓊妮．卡爾（Johnnie Carr）是會員後，這道障礙便消失了。帕克斯入會後與卡爾再敘舊誼，兩人在一九四九年重新成立NAACP青年委員會（NAACP Youth Council），招收年輕的會員。[22] 雖然招收計畫失敗，但兩人都沒有放棄努力，繼續與吉姆克勞法抗爭。卡爾用我們熟悉的話語解釋了為何黑人要支持反抗活動，不畏各種艱難、威脅及殘暴的報復：「那是段相當艱苦的日子，〔但是〕我們沒什麼好顧忌的。所有事物，我們社區裡所有的一切都得受到隔離。」[23]

讓座爭議引爆對抗歧視的第一步

一九五五年十二月一日星期四傍晚，帕克斯照常在下班後去搭公車，她在法庭廣場

（Court Square）搭上克里夫蘭街路線的公車，付了十美分的車資，然後在中間區間——最前面十個白人專座與最後面十個黑人專座之間的三不管地帶——第一排找了一個位子就坐。

根據蒙哥馬利的種族隔離規定，只要白人有足夠的位子，帕克斯就有絕對的權利可以坐在那裡，但是若前面的專區坐滿了，公車司機會要求黑人讓座。

到了下一站帝國大戲院（Empire Theatre），出現了需要讓座的情形。有幾名白人上了車，其中一人站著沒位子坐。[24]司機回頭看著帕克斯坐的那排位子說道：「把前排的位子騰出來。」*司機見沒有人起身，又催促道：「你們最好識相點，把前排的位子給我騰出來。」與帕克斯坐在同一排的三名黑人乘客都站起來讓座，但帕克斯坐著一動也不動。她想起了外祖父的雙管霰彈槍，就這麼看著公車司機往後朝她走來。[25]

在同年更早之前，帕克斯就與人商討過科爾文的案子。她先和尼柯森討論，再趁平日的午餐時間與格雷一同談論。格雷的律師事務所離帕克斯工作的蒙哥馬利平價百貨（Montgomery Fair Department Store）只有幾條街†。尼柯森決定捨棄科爾文後，帕克斯「知道他們需要一個無可非議的訴訟當事人」，不過也表示：「我並不想遭到逮捕。」[26]

---

* 同排有白人乘客時，黑人不得同坐，因此必須挪出整排座位。

† 在 NAACP 擔任祕書一職的同時，帕克斯也在百貨公司的男士裁縫店工作。

帕克斯並不是當天一早就計畫好要抗議公車的種族隔離規定，但坦言在遭受了一輩子的欺凌後，「我已經厭倦了一再屈服的日子」。[27]帕克斯回憶道：「從我能記事以來，我就知道我們的生活方式有問題，在我們的日常生活中，人們可以因為本身的膚色而受到欺壓。」[28]

司機慢步走向她的座位時，她腦海裡不斷盤旋著這些想法，並摻雜著乘客間擔心的低語聲。接著，她認出了這名司機：「這是一名惡劣的司機……身材高壯，擺出恫嚇的姿態。」[29]就在十二年前，即一九四三年的冬天，同樣是這名司機——詹姆斯．布雷克（James Blake），就是他將帕克斯趕下他口中所謂的「我的公車」；當時帕克斯付了車資，但拒絕從後門上車，因而遭到驅趕*。這一次，司機在她身旁止步，問她要不要起立讓座時，受到外祖父的霰彈槍鼓舞，她堅定地說出「我不要」。司機於是說道：「好，那我就報警逮捕妳。」帕克斯直視司機的眼睛，用有如教師的口吻回答：「那就悉聽尊便！」[30]

兩名警員開車將帕克斯押解到北雷普利街（North Ripley Street）的監獄。帕克斯在那裡登記入冊、採按指紋、拍攝嫌犯的大頭照——正面、側面都有，就和電影的場景一樣。帕克斯回憶道：「我沒有感到害怕……任憑警方處置……準備好接受我必須面對的一切。」在完成正式指控後，一名女警押送帕克斯到牢房，途中帕克斯要求使用走廊的公共電話。她打電話回家，接聽的是她的母親：[31]

「喂？」

「我在監獄裡。問雷蒙能不能來這裡保我出去。」

在一陣停頓後，帕克斯的母親問道：「他們有沒有打妳？」

帕克斯想起警察曾經粗暴地對待科爾文，所以回答道：「沒有，沒有人打我，但我人在監獄裡。」

帕克斯的母親把話筒遞給雷蒙。帕克斯問道：「雷蒙，你能來保我出獄嗎？」

「我幾分鐘後就到！」

許多黑人因為帕克斯參與NAACP與選民登記的事務而認得她，所以帕克斯在獄中等待時，公車上的乘客已將消息傳出去。

尼柯森從妻子那兒聽到消息，而妻子之所以得知消息，是看到警察將帕克斯帶離公車的鄰居柏莎・巴特勒（Bertha Butler）告訴她的。尼柯森打電話給格雷想叫他保釋帕克斯出去，但格雷用完午餐就到外地去了，所以尼柯森打電話給支持民權運動的白人律師克里夫德・杜爾（Clifford Durr）。

---

* 有另一說法是帕克斯付了車資後，被要求先下車再從後門上車就坐，但還來不及從後門上車，司機就把車開走了。

杜爾的妻子維吉尼亞也是民權運動家，因帕克斯裁縫師的工作而認識她。維吉尼亞同時也是最高法院大法官休戈．布萊克（Hugo Black）的小姨子，布萊克是美國史上任期最久的法官之一。雖然布萊克年輕時曾加入阿拉巴馬州三K黨，但擔任法官後便大力支持民權的伸張，包括一九五四年在布朗訴托彼卡教育局案（Brown v. Board of Education of Topeka）＊參與全體一致的裁決，廢止學校的種族隔離措施。維吉尼亞與杜爾偕同尼柯森一起趕赴監獄。

在他們支付保釋金後，帕克斯由兩名女警左右押送，從牢房區的鐵網門走出來，她看到維吉尼亞正眼眶泛淚等著她。帕克斯心想，維吉尼亞可能以為警方對她做了什麼。帕克斯回憶道：「她張開雙臂緊緊抱著我，彷彿我們兩個是親姐妹一樣。」[32]好姐妹熟悉的擁抱就像一件厚厚的羽絨大衣，撫慰了帕克斯的心房。帕克斯與雷蒙一起驅車返家時，還可以感受到這場擁抱所帶來的溫暖，她感慨道：「直到出獄後，我才發覺被捕入獄有多讓我心煩意亂。」

帕克斯告訴雷蒙，此案開庭日訂在四天後，也就是十二月五日星期一。他們在這四天中必須爭分奪秒，發動一場幾乎無人看好的抗爭，但蒙哥馬利的民權鬥士尼柯森最後逆勢打出一場漂亮的勝仗，帕克斯因此被譽為現代的聖女貞德，馬丁．路德．金恩（Martin Luther King Jr.）也隨之受到世人的矚目。[33]

竭盡全力擴展抗爭行動

尼柯森在警方逮捕帕克斯時就知道契機出現了。他與帕克斯已經共事多年，回顧道：「帕克斯女士之前在 NAACP 地方分會擔任我的祕書約十二年。我擔任 NAACP 州會長時，她也和我一起共事……**如果說有任何女性會全心全意奉獻給民權運動，帕克斯就是這位女性**。她堅信自己所認可的理念……我知道她清清白白。沒有人——沒有任何人——可以對她的品德置喙……唯一可以說的〔是〕……帕克斯就是不肯屈服讓座給那名白人。正是這點讓我知道我們勝券在握。」[34]

他告訴帕克斯，她是質疑蒙哥馬利公車種族隔離規定違憲的最佳訟訴當事人人選，然後對自己說道：「上天保佑，對抗種族隔離的最佳人選出現了！」[35]

但並不是所有人都如此樂觀以待。

帕克斯記得雷蒙「認為要讓民眾支持我做為測試案例（test case），與利用科爾文的抗爭

＊此案實際上涉及多起案件，案件皆與黑人孩童受教相關，例如：黑人只能就讀特定的小學，不能就讀離家較近的白人小學；白人學校有校車服務，但黑人學校沒有等等。

建立測試案例一樣困難」。[36] **雖然尼柯森因為科爾文不是個有力的訟訴當事人而捨棄她，但黑人社區對於遭受白人經濟報復的恐懼，還是可能導致任何抗爭喊停。**雷蒙也擔心帕克斯的人身安全，一再提醒她：「羅莎，那些白人會殺了妳！」[37]

雷蒙的擔心不是沒有道理。一九五五年八月二十八日星期日，在帕克斯被捕的三個多月前，芝加哥的十四歲黑人少年愛默特．提爾（Emmett Till）到密西西比州探望親戚時，遭到兩名白人男子毀容虐殺。

據稱提爾是因為調戲一名白人女性而慘遭殺害。此事受到全美各地媒體廣泛報導，尤其是在事發後一個月，這兩名因虐殺提爾被逮捕的男子——涉案女性的丈夫與異母兄弟——經全白人陪審團裁定無罪時。據《紐約時報》報導，「陪審團只審議了六十七分鐘便裁定將被告無罪釋放——其中一位陪審員之後表示，要不是因為他們停下來喝汽水好拖點時間『做個樣子』，審議時間還不會拉到這麼長。」[38]

關於提爾的命案，帕克斯認為與「不久前在蒙哥馬利發生的一則事件雷同……只不過當事人是一名年輕的〔黑人〕牧師……可能因為做了什麼事而遭到毒手」。[39] 她停頓了一會兒，接著說道：「有人把他押到阿拉巴馬河的橋上，他可能就跳河而死……那些人警告他的母親最好不要聲張，她也照做了。」

全國性的媒體並沒有關注這宗命案。據帕克斯所說，這是因為涉案的都是地方人士，但身為NAACP蒙哥馬利分會的祕書，「我很了解發生了什麼事情」。**帕克斯並指出，「我注意到」有許多其他案件「在發生後了無聲息，原因在於被害人太過害怕，不敢簽署口供書或發表聲明」**。

帕克斯在一九五五年十二月一日並沒有感到害怕，願意在法庭上挑戰公車種族隔離規定，而其他人也毫無懼色。

在那個星期四的晚上，格雷回到蒙哥馬利與三個人見面，包括帕克斯、尼柯森，以及喬安．羅賓遜（Jo Ann Robinson）。帕克斯請格雷擔任她的律師，尼柯森為訟案研擬攻略，羅賓遜則籌備公車抵制活動。

羅賓遜是阿拉巴馬州立學院的英文教授，她與格雷就是在學院裡認識的。不過羅賓遜主要投入在蒙哥馬利婦女政治委員會（Women's Political Council，簡稱WPC）的事務。WPC是黑人中產階級組織，以提升非裔美國人地位為宗旨，羅賓遜教授是該會會長。她曾因為坐得離前面的白人專區太近而遭一名司機踢下公車，令她難堪不已，每次講述這件事她都會羞愧臉紅。自此以後，她就特別痛恨蒙哥馬利公車公司。

羅賓遜表示，WPC數年前即已草擬單日公車抵制計畫，之後原本準備好配合科爾文的抗爭付諸實行。羅賓遜不願希望再度落空，所以在格雷確認帕克斯已承諾應戰，並得到尼柯森的應允後，她便立刻著手籌備抵制活動。[40]

羅賓遜回憶道：「我那晚通宵未眠。」她趕到阿拉巴馬州立學院，用油印機印製三萬五千份傳單，呼籲黑人在帕克斯受審當天抵制市公車。[41]傳單上一部分的文字寫著：「十二月五日星期一請不要搭公車上班、進市區或到任何地方。有另一位黑人女性因為拒絕在公車讓座而被捕入獄……如果您要上班，請搭計程車，或與他人共乘，或步行。」[42]羅賓遜在星期五凌晨三點打電話給尼柯森，除了確認他還沒睡，也告訴他自己計畫派兩名學生將傳單發送到當地的教堂、酒吧、理髮店，這些場所就是二十世紀的社群媒體。[43]

尼柯森對羅賓遜的計畫很滿意，但他不想冒任何風險，尤其是因為他在那個週末必須出勤做服務員的工作。尼柯森擔憂黑人是否會加入抗爭，畢竟這是一場險戰，結果委實難料。他認為當地教會的牧師可以幫忙鼓吹教區居民參與。尼柯森用圖釘將十八位牧師的名單釘在活動據點的牆上，在當天早上五點開始打電話給他們。他希望所有的牧師都能鼎力相助，但其中一位特別引起他的關注。

出生於亞特蘭大市的金恩博士當時二十六歲，剛從波士頓大學取得博士學位，是蒙哥馬利初來乍到的牧師，他雖在全國默默無聞，卻是尼柯森所見過最鏗鏘有力的演講者。在八月時，尼柯森曾觀看這位德克斯特街浸信會（Dexter Avenue Baptist Church）的新牧師在NAACP一場會議中演講。他告訴一位在場的與會者：**「你知道，這傢伙的口才實在太好了……我不知道要如何辦到，但總有一天，我會讓他發光發亮。」**[44]

尼柯森在十二月二日星期五早上打電話給金恩，詢問他能否以牧師的身分支持抵制活動，但金恩有所猶豫，或許是因為他才剛到這個社區不久。於是金恩請尼柯森晚點再打電話給他。尼柯森打完一輪電話，再度致電給金恩時，這位年輕的牧師答應了。尼柯森在電話中笑道：「很高興金恩牧師願意相助，因為我已經和其他十八個人談好，〔並且〕請他們今晚在您的教會見面。」[45]

尼柯森尚有一步棋要走，也許是最重要的一步。他擔心儘管有傳單與牧師幫忙宣傳，許多黑人可能還是沒能得知抵制活動的消息。尼柯森需要一個更強大的宣傳管道，所以他打電話給喬・阿茲貝爾（Joe Azbell），他是尼柯森所認識的白人記者，在蒙哥馬利市最大的報社《蒙哥馬利廣告報》（*Montgomery Advertiser*）工作。尼柯森帶著一份傳單與阿茲貝爾在聯合車站（Union Station）會面。[46] 尼柯森希望星期日報紙頭版能刊登一篇報導來宣傳抵制活動，阿茲貝爾身為市報編輯，具有必要的影響力可促成此事。《蒙哥馬利廣告報》向來並未特別關注黑人社區，但阿茲貝爾認為這會是一則獨家新聞，於是答應盡力而為。

尼柯森已竭盡全力來確保抵制活動能順利進行，但在動身上臥車出勤前，他打了最後一通電話給帕克斯少女時期的好友卡爾。在帕克斯發現卡爾是ＮＡＡＣＰ會員而勇於入會時，尼柯森已是ＮＡＡＣＰ會長。卡爾經歷過一切的失望，與帕克斯觀點一致，理應得知事況的發展。**卡爾記得尼柯森所說的話：「卡爾女士，他們這次可是抓錯對象了。」**[47]然而事情不只是抓錯對象這麼簡單。

《蒙哥馬利廣告報》星期日的頭版在上半面刊出猶如尼柯森本人親擬的標題：「黑人團體抵制市公車運動蓄勢待發！」[48]阿茲貝爾在報導的開頭把抵制運動寫得宛如中情局的祕密行動：「計畫於星期一發起抵制市公車運動的蒙哥馬利黑人市民，預定在星期一晚間七點於霍爾特街浸信會召開『機密會議』，藉此針對市公車種族隔離規定的『經濟報復』行動下達『進一步指示』。」[49]

尼柯森在星期日早上回到了蒙哥馬利，他看到報紙的報導，於是打電話給牧師們提振他們的信心：「你們早上看了報紙嗎？……請看看裡面的報導，把報紙帶到教堂……告訴大家發生了什麼事。」他隨後設定了目標人數：「告訴大家，我們希望……明晚在霍爾特街浸信會能有二千人到場，好讓眾人知道我們不會再退讓屈服。」[50]據金恩所說，這篇報導「為抵制運動的成功提供了莫大的助力」。[51]

不再沉默，決心長期抗爭

尼柯森像是一位業餘的飛鏢選手，投射結果大大偏離了他的目標。據《蒙哥馬利廣告報》報導，就在那個星期一晚上，教會湧進了五千人而不是二千人，人潮「擠到外邊的門」，滿溢至附近的街道上，「造成交通堵塞」。[52]

格雷當天早上陪同帕克斯出庭，對所受控告不認罪，繳了十四美元的罰款。他回憶道：「我大約在六點抵達霍爾特街浸信會……卻發現教會三條街內都找不到停車位。」[53]

那晚的集會彷彿人潮蜂擁至搖滾演唱會的盛況，反映出當天公車抗爭活動獲得極其熱烈的響應。報刊報導：「平日會搭乘公車的黑人，有八或九成都參加了抵制活動。」[54]這些人或是步行，或是共乘黑人自有的計程車（同意收取與公車相同的十美分車資），然後再多走一點路。看到大批群眾的參與，尼柯森猜想在十二月五日還搭公車的少數黑人可能是沒有聽到抵制的消息。他總結道：「結果真的大出我們的意外。」[55]

抵制行動成功展現了對帕克斯的支持，但如果不順勢將抗爭進行到底，情況是不會有任何改變的。當天稍早，格雷、尼柯森、第一浸信會（First Baptist Church）的拉爾夫．阿伯內西（Ralph Abernathy）牧師，以及其他幾名領導人，共同成立了名為「蒙哥馬利權利促進協會」

（Montgomery Improvement Association）的新組織來統籌抗爭事務。他們打算在當晚的教會集會發表演說，推選金恩牧師為會長。

據尼柯森表示，由金恩出任會長是因為他初來乍到：「他在這裡的時間還沒久到讓本市的元老對他出手。通常，他們發現有新來的年輕牧師……就會拍拍他的肩膀，告訴他自己任職的教會有多好……〔然後〕他就會永遠閉嘴了。」[56] 沒人可以讓活生生的金恩保持沉默，這位年輕的牧師也將成為眾所矚目的焦點。

帕克斯在霍爾特街浸信會受到群眾起立鼓掌歡迎，掌聲有如隆隆的雷聲迴盪不息，但她把發言的機會讓給他人。尼柯森提醒集會的群眾：「要是有人感到害怕，最好直接戴上帽子，穿上大衣回家去。這將是一場漫長持久的抗爭。」[57] 這番話應驗了後來的發展，不過金恩的演講贏得了滿堂彩。

金恩一開始先向帕克斯鞠躬致意：「既然這件事情注定要發生，我很高興是發生在像帕克斯女士這樣的人士身上，因為沒有人可以質疑她無與倫比的誠信，沒有人可以質疑她高尚的品格，〔也〕沒有人可以質疑她堅定的基督信仰。」[58] 接著，金恩籲求眾人進行非暴力抗爭：

「各位在場的朋友，總有那麼一天，人們不願再陷入屈辱的深淵，經歷揮之不去的絕望所帶來的陰鬱。總有那麼一天，人們不願再被推擠到燦爛的陽光之外……我們今晚聚集在此，是因為

已經對這種處境感到厭倦。而我想說的是，我們在此並不是要倡導暴力，我們也從未訴諸過暴力……我們是基督教的信徒……而今晚我們手中握有的唯一武器就是抗爭。」

在集會結束前，阿伯內西牧師將金恩慨然如詩的講辭化為具體行動，代表蒙哥馬利權利促進協會的領導層，提出在歧視待遇終結前必須遵循的行為守則。「第一，蒙哥馬利市民……請勿搭乘蒙哥馬利市所擁有及經營的公車；第二，凡是擁有……汽車的人，都應利用（這些車輛）無償協助他人出勤上班；第三，雇主……應為自家員工負擔交通費用。」[59]他對教會內坐著的群眾說道，贊成者請起立。帕克斯從講台注視著下方的聽眾，希望能看到他們表示贊同的舉動。她回憶道：「有人開始起身，剛開始一次有一兩個人站起來，接著越來越多人紛紛起立，到最後教會裡的每一個人都站著，外面的群眾也同聲高呼『同意』！」[60]

帕克斯露出笑容，她知道外祖父也會欣然同意的。

面對威脅也永不屈服

這場抗爭持續的時日超出所有人的預期，並染上暴力的色彩。在十二月八日星期四，也就是抵制行動的第四天，蒙哥馬利權利促進協會的代表，包括金恩、尼柯森、羅賓遜等人，與公車公司官員會晤表示願意讓步，他們提出的條件是「聘僱黑人在以黑人乘客為主的路線擔任司機，以及公車座位採『先到先得』制」。[61]

金恩猶如主張民權的前英國首相內維爾・張伯倫（Neville Chamberlain），他在會議中說道：「我們並非意圖變更種族隔離法令，而是想透過和平方式為黑人爭取更好的待遇。」公車公司的律師群嚴重錯估形勢，拒絕了這些中肯的提議，理由是其違反了白人與黑人必須分座的州法令規定，使原本可能只是要求黑人受到尊重的一場小抗爭，轉變成一場要求廢除種族隔離制度的全面戰爭。

蒙哥馬利權利促進協會策劃了一場持久的圍攻戰，其交通後勤布局值得美國西點軍校好好研究一番。金恩透露所布局的網絡包含「一百零八名計程車司機，二百輛可供共乘的私人汽車，以及八家加油站業者，車主如載送參與抵制者，可在這些加油站獲得特別的折扣」。[62]在此網絡下，黑人得以無限期避搭公車，而公車公司每天的收入估計將損失三千美元——是其日營收的一半以上。

等到十二月底，抵制的力道變得更加強大。據金恩描述：「以往在公車上隨時都能看到一兩名有色人種的乘客，但如今要等好幾個小時才能看到一名。」[63]**他深以黑人社區為榮：「本**

市有色人種的市民展現了前所未有的團結。這是我從未見過的景象。」[64]

抵制行動迫使公車公司在一九五六年一月中將車資調漲五成，以期能夠平衡帳目。[65] 增加的車資全由仍搭乘公車的白人乘客吸收，激怒了市長威廉・蓋爾（William Gayle）。他要求警方開始從嚴開立交通違規罰單，藉以破壞黑人的交通體系。[66]

這項擾民措施首批的受害者之一是金恩牧師本身。他在一月三十日星期一遭到逮捕，原因據稱是他在限速二十五英里（約等於四十公里）的區域以三十英里（約四十八公里）的時速駕駛。金恩否認這項指控。

在共乘網絡中，麥當勞街與摩洛伊街是人潮眾多的上車地點。金恩表示他先前停在該處時，曾聽到停在一旁的巡邏車裡，有一名警官向他的夥伴說道：「金恩那傢伙就在那裡。」[67] 金恩可能想要緩解緊張的氣氛，並沒有提及那名警官話裡帶的幾個髒字。不過金恩當晚獲釋後，一顆炸彈在他房子的前院爆炸。金恩當時不在家，也沒有人受傷，然而他的妻子科麗塔（Coretta）和他們七星期大的女兒因爆炸而飽受驚嚇，爆炸也毀損了金恩家的水泥前廊。

兩晚後，一顆炸彈在尼柯森家前面的草坪爆炸，同樣沒有任何人受傷，但警告意味濃厚。[68] 金恩告知媒體，蒙哥馬利市已展開了雙重反制計畫：「其一是進行恫嚇，透過一連串煩擾的逮捕行動來……瓦解我們的士氣。其二則是試圖挑起暴力衝突。」[69] 無論是從哪一個面向反制，金恩都不會讓他們得逞。

用來進行大規模恫嚇的武器不只限於炸彈。一九五六年一月七日星期六，蒙哥馬利平價百貨將帕克斯解僱。雷蒙原本在附近的麥司威爾空軍基地（Maxwell Air Force Base）從事理髮工作，在許多原有的白人顧客流失後，他也失去了這份工作。[70]

兩人在蒙哥馬利都找不到其他就業機會。帕克斯記得她被捕後沒多久，就開始有騷擾電話源源不斷地打來。「那些人打來說我活該被打被殺，因為我惹出這麼大的糾紛。」[71] **帕克斯與雷蒙因為引發了抗爭而受罪，其他支援抵制行動的人也同受滋擾。參與共乘計畫的私家車車主發現車子的輪胎被割破，或是油箱被灌了糖進去，或是兩種情形都有**。

拜廣大的支援網絡之賜，幾乎沒有人屈服於這股壓力。原是助產士的吉爾摩後來轉而擔任廚師，好讓走得疲累的人們可以飽餐一頓。她描述當時的情形：「我會做餡餅、豐盛的飯菜，每天都有兩道葷食。我會煮雞肉，可能會做肉餅搭配奶油馬鈴薯，起司與通心粉，蕪菁甘藍，秋葵拌煮豆子，還有萵苣與番茄，蘋果派，冰茶等。我們雖然在走路……但是沒有餓肚子。」[72]

吉爾摩之前曾遭到一名公車司機羞辱，但她回顧這場抵制行動時，心情就比較緩和了：「哎，其實也不是那麼難受。他們會不時咒罵你，從窗戶對外大喊──『黑鬼，你們不知道坐車比走路來得好嗎？』我們就會低聲說道──『這樣是沒用的，你這個窮白人。等吉姆克勞法下了車我才會上車。』」

善用力量走正確的路

在美國最高法院禁止公車實施種族隔離制度的命令生效後，這場抵制行動於一九五六年十二月二十一日星期五結束，共歷時一年多之久。[73]與此同時，《紐約時報》於頭版刊登了黑人集會歡慶法院裁決的報導：「抵制行動的領導人金恩牧師促請集會的群眾搭乘公車，但告誡他們應避免暴力衝突。」[74]經過長達一年的抗戰，這位深具領袖風采的地方牧師，已變成了聞名全國的人物，不過其他人在這場勝仗中也多有貢獻，帕克斯自是厥功甚偉，是她促發了一切的開端。

尼柯森語帶誇張地說道：「要是帕克斯女士當初起身讓座給那名白人，金恩牧師就永遠不會出現在世人眼前」，然而帕克斯的犧牲，無疑是金恩得以嶄露頭角的契機。[75]帕克斯本身並不居功，把功勞歸於金恩：「我並不是在所有情況下都絕對支持非暴力主義的人。不過我深信，如果沒有金恩博士的努力，以及他堅定的非暴力信念，一九五〇年代與一九六〇年代的民權運動絕對不會如此成功。」[76]

一九六八年，金恩在孟菲斯市遭到名為詹姆斯・厄爾・雷（James Earl Ray）的白人種族主義者暗殺。在遇刺的一年多前，他講述了避免武裝革命的要點：**「人在忍無可忍時會起而暴動，在痛苦不堪時會暴力反抗。世上最危險之事，莫過於在組成社會的群體中，有一大群人認為社會與他們毫無利害關係，行事可以肆無忌憚。」**[77]同樣無所顧忌的心態，促使帕克斯賭上一切來對抗吉姆克勞法，但她是在金恩的引領下以和平的方式抗爭。

帕克斯在二〇〇五年十月二十四日辭世，享耆壽九十二歲。內華達州的民主黨參議員哈利・瑞德（Harry Reid）在當時發表了以下的悼辭：「帕克斯的勇氣引發了聯合抵制蒙哥馬利公車運動。這場抵制獲得全國關注，引領變革的風潮，繼而催生了民權法（Civil Rights Act）與投票權法（Voting Rights Act）等具有指標意義的法案。」[78]

她的遺澤綿長，令人感佩。

第 6 章

求生 vs 犧牲：醫療資源該救哪些人？

二〇二〇年四月，美國總統川普不顧國家過敏和傳染病研究所所長安東尼・佛奇（Anthony Fauci）博士的警告，大力宣揚「羥氯奎寧」（hydroxychloroquine）可望扭轉對抗新冠肺炎（COVID-19）的戰局。佛奇警告此種瘧疾、狼瘡、類風溼性關節炎核准用藥的抗疫療效未明，但川普仍一意孤行，對染疫者勸說道：「如果你想用藥，可以要求開立處方箋，然後拿到處方箋。就像我常說的，你有什麼好損失的？」[*1]

惡疾纏身的病患通常會嘗試各種實驗性療法，而少有人會對其有所苛責，但美國總統貿然鼓吹以此種「奮力一搏」的方式進行藥物治療，卻是一大錯誤。**川普的錯誤除了在羥氯奎寧經證明抗疫無效，同時恐對病患造成傷害之外，他的錯誤更在於其身為國家最高行政首長，必須對廣大的選民負責**。

在面對束手無策的病症時，醫師與藥廠為回應病患不顧一切的懇求，會採取激烈的治療手段，而為此投注的資金與醫療人才，乃是為小眾謀求福祉。然而，將稀少的醫療資源用來推動謀求大眾福祉的計畫，例如尋找新的抗生素，可能才是對社會較有利的做法。下文會提到為挽救絕症而進行的實驗療法，而頭條新聞不時刊登這些療法，導致較不引人注目的醫療計畫受到排擠，例如尋找抗季節性流感藥物，或防備流行病的來襲等。

聯邦政府必須推動這些謀求公眾利益的計畫，就如同其必須推動國防、國家公園或空氣清淨相關計畫——因為沒有其他單位會推動這些計畫了。政府的工作亦可能包括限制取得療效未明的藥物，對於冒險的醫療程序施以約束，以及犧牲小我的生命來成就更大的公眾利益。這項工作好比在戰場上進行檢傷分類（triage）以確認傷員的救治順序，這是在資源有限時無奈卻又必須採行的策略，畢竟優秀的醫療人才永遠不足。

創新療法是絕症患者最後的希望

當其他藥物都無效時，醫師通常會鼓勵病人嘗試尚未試過的藥物，不過美國食品藥物管理局（U.S. Food and Drug Administration，簡稱 FDA）對於參與藥物試驗設有限制。FDA官員擔心實驗藥物過於容易取得所將造成的後果。舉例來說，經過嚴謹設計的科學臨床試驗可收案病患數恐因此縮減，繼而扼阻新療法的開發。但沒有醫師想阻止病人嘗試潛在的療法。

美國國家癌症研究所（National Cancer Institute）神經腫瘤分部前主任霍華德·費恩

*「你有什麼好損失的？」（What do you have to lose?）是川普在競選時常用的話語，用以爭取選民的支持。

（Howard Fine）表示，看到子女在垂死邊緣的父母會打電話給他懇求道：**「就把這種藥開給我吧！我們還有什麼好顧忌的？」**[2]費恩一年會看二千至三千名腦瘤病患，他知道其中「絕大多數」會在十二個月內病逝。他指出並強調這並非官方意見：「就倫理層面而言，誰有權對一位病人說——『雖然你已命不久矣，但還是無權嘗試這種藥物』？」

有些人擔心對末期癌症病患施以效用未明的療法有趁火打劫之嫌，但就如英國曼徹斯特大學（University of Manchester）生物倫理學教授約翰・哈里斯（John Harris）所說：「對於橫豎都是一死，把最後希望寄託在這些療法上的人來說，標準再怎麼放寬也不為過吧？」[3]

某些醫師則是自力救濟，親身實驗這些療法。[4]六十四歲的彼得・巴金斯基（Peter Baginsky）頭髮光禿，戴著眼鏡，是加州弗雷斯特維爾（Forestville）的糖尿病專科醫師。他先前成功戰勝了病魔，在二〇〇九年一月開刀切除膠質母細胞瘤（glioblastoma）後，已安然度過了五年的時間。膠質母細胞瘤是一種凶猛的腦瘤，造成參議員泰德・甘迺迪（Ted Kennedy）在短短十三個月內殞命。

巴金斯基表示，腦癌在二〇一四年一月復發時「我非常沮喪」。[5]但巴金斯基尚有一絲希望——瑞士蘇黎世有項實驗療法，該療法使用聚焦超音波（focused-ultrasound）進行治療，可以將深藏在他腦中長達約二・五公分的腫瘤燒出一個洞。手術過程為六個小時，將由三位神經外科醫師負責監看，不予收費，但醫院照護及其他服務的費用共達二萬二千美元，還得加上旅費。**巴金斯基說明他為何決定接受此種療法：「我其實完全沒有損失。不過是花一大筆錢，但對我是百利而無一害。」**[6]

巴金斯基在哈佛大學的大學部修讀英國文學，畢業後服務於「和平工作團」（Peace Corps），之後再赴哈佛醫學院進修。他知道此次成功的希望很渺茫。[7] 他與妻子雪莉兒・韓森（Cheryl Hanson）一同前往蘇黎世，在二〇一四年三月四日星期二順利挺過這場大手術，沒有遭受任何痛楚，不過他表示在手術過程中，他的頭部有一股「幾乎難以忍受的灼熱感」。

神經外科醫師在醫院觀察巴金斯基一星期，確認術後狀況良好，沒有任何不良副作用後，認為巴金斯基安然無恙，可代表手術成功。媒體報導寫道：「設於維吉尼亞州的聚焦超音波基金會（Focused Ultrasound Foundation）表示，這場手術在超音波發展為腦瘤非侵入性療法，用以替代開刀與放射治療的過程中，可謂為一個『重大的里程碑』。」[8] 但基金會言過其實了。在二〇一四年十一月十四日星期五，也就是手術後第九個月，巴金斯基在妻子與一雙兒女的陪伴下病逝。[9] 二〇一八年十二月，FDA 批准超音波可用於治療帕金森氏症，但不能用於治療腦瘤。[10]

隨著幾位高知名度病患尋求成功機會渺茫的創新療法，各種實驗性療法也應運而生。在二〇一九年三月六日星期三，長年擔任電視益智競賽節目《危險邊緣》（*Jeopardy!*）主持人的喬治・崔貝克（Alex Trebek），在節目影片中宣布自己罹患第四期的胰臟癌。七十八歲的崔貝克看起來依然精力充沛，不過額頭皺紋深布，頂著一頭白髮。他坦言：「病情預後狀況不是很樂觀，但我會努力抗癌，並照常工作。我打算戰勝胰臟癌低存活率的統計數字。」[11]崔貝克接著試圖緩和氣氛，用彷彿與節目參賽者聊天的口吻說道：「老實說，我不得不這麼做！因為根據我的合約條款規定，我還得繼續主持《危險邊緣》三年的時間！所以請幫我集氣。只要堅持信念，我們一定可以戰勝病魔。」

超過二千萬名觀眾晚上都會固定收看崔貝克所主持的《危險邊緣》節目。該節目優勝紀錄保持人肯・詹金斯（Ken Jennings）認為，崔貝克說話的口吻與哥倫比亞廣播公司（CBS）前新聞主播華特・克朗凱（Walter Cronkite）一樣令人信賴，但多了一股冷嘲式的幽默感。在一集由《危險邊緣》過往優勝者回鍋參加的「冠軍錦標賽」中，崔貝克開場時從後台現身，穿著西裝外套、正式的襯衫，還打了一條領帶——卻沒有穿長褲。包括詹金斯在內的三位參賽者，在開場前提議要穿得輕鬆點來緩和緊張的氣氛，但只有崔貝克照做不誤。[12]

崔貝克在診斷出罹癌九個月後就沒什麼心情開玩笑了。崔貝克的病情起初曾接近緩解，也讓他燃起了希望，但之後又復發，提高了抗癌的難度。他表示：「我們可能嘗試新的治療方案，可能是不同的化療法，或是尚在試驗階段的非化療法。我不排斥多方嘗試……所以就再加把勁吧。」[13]崔貝克在二〇二〇年十一月八日辭世，享壽八十歲。

重病者想得到治療並沒有想像中容易

實驗性的療法通常需要相當時日才能成功，所以會有大量的資源投入相助，而且不排除獨占稀少的醫學人才。一九六七年，來自開普敦的五十五歲心臟衰竭病患路易斯・沃什坎斯基（Louis Washkansky），接受了世界上首度成功的人類心臟移植手術。這場手術是由南非心臟外科醫師克里斯蒂安・巴納德（Christiaan Barnard）主刀，其他三十名醫師從旁協助。雖然沃什坎斯基術後僅存活十八天，但在五十多年後，全世界每年都會進行五千多次換心手術，而患者平均可存活十二年之久。[14]

先鋒集團（Vanguard，或稱領航投資）共同基金家族的創辦人約翰・柏格（John Bogle）患有名為「致心律失常型右室心肌病」（arrhythmogenic right ventricular dysplasia）的先天心臟缺陷。他第一次心臟病發作時只有三十一歲，在這之後也至少曾經發作過五次。柏格在一九九五年十月住進費城哈尼曼大學醫院（Hahnemann University Hospital）等待心臟移植，那時他六十六歲。[15] 他一進醫院便開始擔憂。他回憶道：「到了那個時候，我的心臟已經快要無法運作……我想動心臟移植手術，於是依規定登記心臟移植，基本上就是依登記的時間排序，沒有任何偏私。登記後便是排隊等待，我等了又等……在這段時間靠著靜派注射來續命。」[16]

柏格坦承在等待期間曾改變主意：「在那段期間，我開始非常認真思考，年長者是否應該接受理應給年輕人的心臟。我最後決定還是照著規定來。或許我做為一位公民，做為一個人，可以對世間有所貢獻。」

在手術後的二十一週年，即二〇一七年二月二十一日星期二，柏格與幫他動刀的外科醫師羅希頓．莫里斯（Rohinton Morris）和路易斯．塞繆爾（Louis Samuels）聚首，連同其他醫療人員一起回顧當年的情形。[17] 柏格記得他在醫院等了一百二十八天，醫師們才動手術將一位三十歲捐贈者的心臟移植到他的胸腔。他承認：「我當時挑戰了移植年齡的極限。」他接著補充道：「現在，我要努力當個超級長者（superager）。我現在正挑戰八十八歲，希望能挑戰到八十九歲。」

莫里斯醫師是位優秀的外科醫師，也知道如何討好他的病人。他在中途插話道：「人人都知道柏格的指數基金打敗了一般的共同基金，而且他的心臟也奇蹟似地打敗了病魔。」柏格對此報以微笑。他知道前一年，投資人將三千多億美元的資金投入到先鋒集團，金額超越其他的共同基金。**但他微笑的主要原因是，莫里斯與塞繆爾給了他一張新的生命租約，而這張租約配發的紅利超過任何人的預期。柏格眼眶含淚，以發自內心之言做出結語：「我原本沒辦法活下來親眼看到我的夢想成真，衷心感謝醫師們為我做的一切。」**

柏格在一九九六年二月二十一日成功換心，二〇一九年一月十六日星期三因食道癌病逝，享壽八十九歲。諸如此類的醫療成功案例，鼓舞身患絕症的病患尋求創新的療法，希望能有奇蹟出現。

艾碧・柏洛茲（Abigail Burroughs）是維吉尼亞大學的三年級學生，也是著名的傑斐遜文學與辯論社（Jefferson Literary and Debating Society）成員。她在一九九九年經診斷罹患鱗狀細胞癌（squamous cell carcinoma），在頭頸部的癌細胞已擴散到舌頭。[18] 她在巴爾的摩的約翰霍普金斯醫院（Johns Hopkins Hospital）成功接受開刀、放射治療、化學治療等醫療方法。柏洛茲之前原本計畫與三位好友一起來趟加勒比海遊輪之旅。她告訴一位報社記者：「我當然知道戰勝病魔的機率不是很高，但我不想就此放棄。」[19]

二〇〇一年初癌細胞擴散到柏洛茲的肺部時，她在約翰霍普金斯醫院的主治醫師摩拉・吉利森（Maura Gillison）發現了一項試驗結果，那是當時尚未獲得 FDA 核准使用的兩種實驗藥物——艾瑞沙（Iressa）與C225的初步調查試驗結果，這可望為柏洛茲帶來一線生機。**「她已經沒有任何療法可選，所以〔嘗試實驗藥物〕是最合理的選擇。」**[20]

但總部設於倫敦，負責生產艾瑞沙的阿斯特捷利康公司（AstraZeneca），以及總部設於紐約，負責開發C225的英克隆公司（ImClone Systems），均無針對該種病症的製藥計畫。阿斯特捷利康一位發言人表示：「重點在於，我們並沒有艾瑞沙用於治療頭頸部腫瘤的數據，所以認為不應當提供柏洛茲這種藥物。」[21]

透過維吉尼亞大學社群逾六千人連署的請願書、維吉尼亞州福爾斯徹奇市（Falls Church）市議會通過的決議案，再加上該州參議員約翰．華納（John W. Warner）與喬治．艾倫（George Allen Jr.）的居中協調，最後成功扭轉了藥廠的決定，但可惜為時已晚。[22]二〇〇一年六月九日星期六，柏洛茲在福爾斯徹奇市的家中沉睡離世。[23]柏洛茲的父親法蘭克．柏洛茲（Frank Burroughs）表示，女兒在臨終前「盼望要是能寫封信給大家，感謝眾人代她所做的一切該有多好」。[24]

治療康復機率甚低者將付出龐大成本

大多數的醫師無論如何都想盡可能延續病人的生命，即使此舉對他們沒有多大好處。刊登於《重症護理期刊》（*Journal of Critical Care*）中的一項調查提到，一位護理師表示「醫師認為若沒有把病患救活，就是醫者個人的失敗」。[25]給了柏洛茲九個月生命的吉利森醫師則提及實驗療法「或許原本可以讓柏洛茲多活一段時日」。[26]

一位心臟病科醫師說明，醫師治療重症病人的挑戰之一是「不想讓他們失望，尤其是在治療初期你有信心承諾各種療效都能實現，而且通常也的確能夠做到」。[27]**一位外科顧問級醫師補充道：「我想大部分的外科醫師都認為，如果機會很渺茫，也不會有什麼好損失的，就姑且一試……總是有可能……獲得比病死還要好的結果。」**不過《醫學倫理學期刊》（*Journal of Medical Ethics*）一篇名為「醫師於病患生命末期施以無效治療之原因」的文章，對此提出了較嚴厲的觀點。**文中請醫師證明自己的治療行為是適當的，因為其雖是慈悲之舉，卻「浪費了稀少的醫療照護資源」**。

重症病患想要懷抱希望，於是每位醫師無不盡力挑戰醫療的極限，但其對更廣大的福祉——超越個別病患的大眾福祉——造成的影響必須有人加以關切，否則恐導致間接的損害。舉例來說，有家學術醫院進行了一項研究，他們檢視在加護病房施以無效治療的「機會成本」，**亦即當醫術高超的醫師去照顧復原無望的病患時，將耽擱其他排隊等待的病患接受治療的時機**。該項研究衡量了這些成本，做出以下的總結：「倘若加護病房的病床被無法救治的病患占滿，致使其他病患進不了加護病房，是一件很不公平的事。」[28] **該項研究的分析進一步指出，忽視機會成本「不但會造成醫療資源運用不善及浪費，也有違醫界運用醫療照護資源對社會做出最大貢獻的職責」**。醫療服務的分配並非個別醫師的主要工作，也不應由其負責，但國會和總統應對此擔起責任，包括為如大流行疫病等機率甚低的事件做好準備。

救活病患與預防疫病孰輕孰重？

對於新冠肺炎的來襲，美國雖早受到警告，但還是措手不及。《新英格蘭醫學期刊》（*New England Journal of Medicine*）創立於二百多年前，是醫學界最負盛名的刊物。該期刊每星期會將經過同儕評閱的醫學、臨床實務專文寄送給六十萬名的訂閱戶，而讀者可從中獲知有望奏效的新治療方案，以及醫學上的突破發展，堪稱醫療照護專業人員的聖經。而二〇一六年三月三十一日發行的《新英格蘭醫學期刊》刊登了一篇研究報告，標題為「全球安全受到忽視的一環——對抗傳染病危機之架構」，這篇報導本可警示世人爆發流感大流行的危險。[29]

該項研究是由哈佛大學甘迺迪政治學院的研究員冼博德（Peter Sands）主持，美國國家醫學院（National Academy of Medicine）的人員協助進行。研究報告一開始便提及一九一八年的西班牙流感，其所發出的警告堪比先知耶利米（Jeremiah）的預言：**「傳染病的爆發轉變成流行病，或甚至成為大流行疫病，恐造成重大人命損失，以及龐大的經濟破壞。」**[30]但這只是開頭的一記警鐘。報告提議「應投入更多資源對抗傳染病的威脅」，並認為此一建議有軍事上的重要性：「潛在的大流行疫病不應只是視為重大健康風險，亦應視為對全球經濟與全球安全的嚴重威脅。」[31]

二〇一六年適逢美國選舉年，此項共同對抗大流行疫病的呼籲本應登上報紙頭版，但只勉強在財經版登了一小塊版面。[32]冼博德及報告的其他共同作者可能會對此鬱鬱不樂，不過他們也不感到意外，因為正如其在報告中所述：「私部門預料這類的投資只會得到寥寥無幾的報酬。」[33]但政府應責無旁貸採取行動，撥出一般稅收來資助如傳染病防制等公共事務。大流行疫病的問題在於其極為罕見，所以「政府難有正當理由投下金錢用來避免機率甚低的危機發生」。前美國財政部長勞倫斯．薩默斯（Lawrence Summers）表示：「就此而言，緊急的事務排擠掉了極其重要的事務。在許許多多的國家，迫切的近期需求與預算壓力，使得必要的公共衛生基礎建設無法建立起來。」[34]

大流行疫病處於公民營事業間的灰色地帶，沒人要扛起責任。因此，冼博德的報告總結道：「大流行疫病對人類生命的威脅，可說是大過戰爭、恐怖主義或天災的威脅……而我們在這方面的投入如此之少，似乎很不可思議。」[35]

第二道警訊出現在二〇一九年九月，也就是新冠肺炎如中世紀流行病般散播的三個月前。當時的美國經濟顧問委員會（Council of Economic Advisers，簡稱 CEA）在川普的總統行政辦公室中雖然不過是個小小的單位，僅由不到百位的專業人士組成，但卻發布了一篇驚人的報告，標題為「透過疫苗創新減輕流感大流行之衝擊」。[36]這篇四十頁的研究報告承繼先前《新英格蘭醫學期刊》專文的洞見，敘明民營企業之所以吝於投資，是因為上一場嚴重大流行疫病是「發生在一百年前，〔而〕可能導致消費者與保險業者低估未來流感大流行的發生機率及潛在衝擊」。[37]

CEA 的報告另提出一項精闢的觀點，認為民營企業「未能體認到」疫苗的「保障價值」，「即使大流行疫病沒有發生」，疫苗仍對社會有所助益，可以讓人們覺得更加安心。[38]報告的作者群在結尾建議政府「與私部門攜手合作，開發及採用可減低流感大流行風險的新疫苗技術」。[39]

美國國會在一九四六年通過「一九四六年就業法」，並據其成立了CEA，亦指示該單位「研擬政策並向總統提出建議……藉以扶植與支持自由競爭企業，避免經濟出現波動……以及維持美國大眾的就業、生產和購買力」。[40]為川普提供諮詢的CEA在這份特殊的報告中除了提出政策建議，還如預言般詳述未做好防疫準備可能招致的損害：**「在發生嚴重疫情時，健康的人可能會避免上班工作及進行正常的社交互動，希望能藉由限制與罹病者的接觸來防止染疫上身。由於一大部分的人口會因此失去行動能力，而其中也包括了在重要基礎設施和國防產業工作的人員，所以流感大流行恐威脅到美國的國家安全。」**[41]

早在疫情發生的六個月前，CEA的水晶球即已預示了這場大動盪。

放手一搏可能贏了小利輸了大益

若在這些警訊出現後能採取適當的行動，或許原本能防止新冠肺炎造成重大的破壞。[42]醫師們寧可延續病患的生命，即使是幾個月也好，而不願投入大流行疫病的防制。**然而，大流行**

疫病儘管罕見，卻是一場大災難。德州大學公共衛生學院的創始院長羅伊爾・史德隆（Reuel Stallones）醫師曾說過：「流行病學的階級地位不高——無論是就強弱排序或報酬制度而言皆是。然而，它是能否大幅消滅人類苦難的關鍵所在。」[43]

史德隆的看法是對的。據一篇刊登在《美國醫學會期刊》（*Journal of the American Medical Association*，簡稱 *JAMA*）的專文所述：「在美國未來預計將面臨的所有資源短缺危機中，資源分配的問題可能以醫學界最為嚴重難解。」[44]川普總統本應聽取其顧問的建議，減輕大流行疫病可能造成的損害。這件事關乎大眾利益，應受到最高行政首長的關注，其重要性遠勝於在事後提供令人存疑的醫療建議。

預先準備好新冠病毒疫苗，在科學上是不可能做到的事，但是儲備呼吸器、口罩、防護面罩應是輕而易舉之事。[45]總統原本可以要求國會提供資金，在全美廣建個人防護裝備的儲存設施，這好比興建散布在鄉間的核彈發射井（不過便宜多了）。疫情若是沒發生，蓋這些儲存設施是很令人尷尬，但絕對比不上在病毒襲捲美國後從中國進口口罩來得尷尬。

現在就應該著手為下一場疫情做好準備。

Part 3

無情寡義釀人禍

第 7 章

獲利高手 vs 公司殺手：惡棍交易員用你的錢梭哈

查克・蘭金（Zac Rankin）是密蘇里州開普吉拉多市（Cape Girardeau）東南密蘇里州立大學（Southeast Missouri State University）四年級的學生。他所領軍的團隊，在二〇一五年贏得大專院校學生模擬股票交易競賽的冠軍。主辦該項競賽的德美利證券公司（TD Ameritrade）是客戶數逾一千萬人的證券經紀商。[1]

蘭金帶領四名學生組成的團隊，擊敗其他四百七十五個參賽隊伍，當中包括了來自常春藤盟校及全美各商學院校的學生。東南密蘇里州立大學隊在一個月內，將五十萬美元的起始資金變為一百三十萬美元，收益率達一六〇%，同期內的投資收益居所有參賽者之冠，因而奪得首獎。蘭金的隊友中沒有人主修金融專業，但他們運用五十萬美元虛擬分配資金的方式，堪比熟諳金融期權複雜數學運算的專家。蘭金表示他們很快就體認到「我們沒什麼可顧忌的。要是最後把五十萬元都輸掉，嗯，那就算了。基本上我們就是決定不顧一切，冒最大的風險」。[2]

蘭金的三名隊友為雀兒喜・溫莎（Chelsey Winsor）、班・艾塞梅爾（Ben Asselmeier）、約翰・洛克奈利（John Racanelli）。他和隊友們孤注一擲的策略，是根據德美利模擬股票交易競賽的架構所擬定。**他們知道在競賽中只有創造最大收益才能獲獎，而所有損失不論大小，到頭來都是一個「零」字**。大虧十億美元和小虧十美元其實沒有兩樣。

「蘭金公司」之所以能夠勝出，是因為不進行安全的投資——在競賽場合自是適當的策略

——使這些密蘇里州的學生個個都頗具巴菲特之風。**正是同樣的下檔保護概念，促使真正在銀行工作的證券交易員不在乎虧損，而未能監督這些交易員所造成的損失，最後卻由納稅人買單，付出高昂的紓困金。**

事出必有因

一九九二年七月，當時二十五歲、身材健壯結實的李森，首次踏入新加坡國際金融交易所（the Singapore International Monetary Exchange，簡稱 Simex）的交易大廳。[3]他聽到各個交易員在大聲叫喊，彷彿置身於冠軍拳擊賽場。這些交易員忙著喊價買賣日經指數（即日本股市的道瓊指數）期貨合約，希望從中獲利。

李森在霸菱投資銀行已經工作三年，正等待能夠交易的機會——在早年交易可是個「體力活」*——並趁機大賺一筆。他回憶道：「我可以聞到錢的味道，看到錢就在我眼前。」[4]李森在新加坡一直待到一九九五年，他不知道自己以後會虧掉他一輩子也花不完的巨款，並且在

* 在早年交易員需要在大廳裡奔跑穿梭進行交易。

虧損過程中摧毀了霸菱銀行。

霸菱銀行是英國的名門銀行，創立於一七六二年，曾在十九世紀協助美國總統湯瑪斯．傑佛遜（Thomas Jefferson）籌措路易斯安那購地案資金，也曾在二十世紀管理英國女王伊莉莎白二世的個人財產。

李森生長於英格蘭瓦特福市（Watford）的工人階級社區，母親在當地擔任護理師，父親則是泥水匠。李森的朋友大多都投身建築業，當水管工、電工、木匠等，但李森在一九八五年開始找第一份工作時，母親鼓勵他把眼界放寬。李森記得母親還幫他繕打給顧資銀行（Coutts & Co.）的求職信。這是一家在倫敦的私人銀行，並從事財富管理業務。儘管李森成績平平，數學考試也不及格，他仍成功獲得了顧資銀行的職位。之後母親便每天準備「燙好的襯衫和擦得透亮的鞋子」讓他穿去上班。[5]

李森的母親兩年後去世時，已經幫李森鋪好了一條道路，但他年方十三歲、十歲的兩個妹妹卻茫然無依。為了感懷母恩，他作出承諾：「我會照顧這個家。我會盡全力扶持兩個妹妹長大。」李森開始在霸菱銀行擔任交易員時，他預期有望實現這項承諾，因為他知道成為交易員「是條康莊大道，可以讓他賺進大錢，買部保時捷」。

李森赴霸菱銀行任職前，已在業界累積相當的經驗。他在一九八七年離開顧資銀行，轉職到摩根士丹利（Morgan Stanley）的倫敦分行。摩根士丹利是一家美國投資銀行，李森在此學習從事與期貨、期權相關的複雜業務，包括確認運用銀行資金賺取獲利的交易員所進行的交易。他知道清算交易作業，亦稱後台作業，是令人嚮往的工作，魅力不亞於為足球隊管理器材設備，但每天將現金從輸家轉到贏家手中的作業受到嚴格監控。這是項單調乏味的工作，主要是追蹤證券經紀商的盈虧狀況。不過他也知道在「瓦特福的朋友」要是得知他的薪水有兩萬英鎊（約新台幣七十四萬元），「一定會驚嘆不已」，因為以他們的薪資水準來說，這是相當優渥的薪水。[6]

李森負責在買賣方之間轉移數以百萬的資金，也從中了解到大錢就藏在交易裡。因此，一九八九年友人提供他一份在霸菱銀行的工作，並保證他有機會爭取到成為交易員時，他立刻抓住這個機會，儘管減薪五千英鎊（約新台幣十八萬五千元）也不以為意。

李森花了三年的時間才等到適當的機會。當霸菱銀行在新加坡設立據點，為其客戶在 Simex 進行交易時，李森便自願赴新加坡任職。霸菱銀行基於李森的專業知識，讓他負責後台作業，但也基於李森對交易工作的熱愛，而讓他擔任交易員——這兩項職務的結合有如炸藥，潛藏著爆炸的危險。

霸菱銀行在前一個世紀曾僥倖逃過大劫，而就像大多數誤入歧途的狀況一樣，事情的起步總是順風順水。霸菱銀行在一八八六年時，名為霸菱公司，主事者是甫受封為雷夫爾斯托克勳爵（Lord Revelstoke）的愛德蒙・「奈德」・霸菱（Edmund “Ned” Baring）。當時霸菱承辦愛爾蘭啤酒廠健力士（Guinness）股票在倫敦證券交易所上市的事宜，股票公開上市時，少數獲得霸菱配股的幸運投資人，於交易首日即獲得超過五〇%的收益，使霸菱成為迅速致富的同義詞。此番佳績進一步打響了這家投資公司精擅融資業務的名聲。

在十九世紀初，法國政治家黎塞留公爵（the Duc de Richelieu）即對此讚揚道：「在歐洲有六大勢力：英格蘭、法國、俄羅斯、奧地利、普魯士，以及霸菱兄弟*。」[7] 昔日的榮光讓奈德・霸菱恃才傲物，最終自嘗苦果。

一八九〇年，在阿根廷這個新興市場的公用事業公司——布宜諾斯艾利斯供水排水系統有限公司（Buenos Aires Water Supply and Drainage Company）打算辦理股票發行，委由霸菱承銷，金額共二百萬英鎊（約新台幣七千四百萬元）。[8]

像霸菱這樣的投資公司在歐洲通常稱為商人銀行，其在大多數的承銷案中，會先出售股票再預付資金給發行機構（在此案即指前述的阿根廷自來水公司），以避免虧損並賺取價差，此也即為其提供行銷服務的承銷費用。但奈德・霸菱因健力士一案的成功而志得意滿，他預付二百萬英鎊給這家南美的公用事業公司，但仍持有股票，想等股價上漲時投機大賺一筆，而沒有先將股票出售給客戶，賺取金額相對較少的承銷費。

布宜諾斯艾利斯公司的股價要是像愛爾蘭啤酒廠一樣飆升，他就是個英雄了。可惜南美公司的行情一如既往令人失望，股價崩跌，這場落敗的賭局造成霸菱兄弟資金短絀。眼看破產在即，霸菱的合夥人急向英格蘭銀行求助。由於霸菱好比現代所謂「大到不能倒」的企業，英格蘭銀行於是出手紓困，拯救了這家公司。[9]

經此挫敗，霸菱兄弟在二十世紀的作風變得嚴謹，但也使霸菱認為自己只要有難，即可獲得紓困。這種想法可能間接導致了霸菱最後的垮台。

危險的念頭將促成放膽賭一把

像李森這樣的交易員，一人肩負多職，有如頭上戴了好幾頂帽子，需要加以制衡才能避免其重心失衡，摔倒在交易大廳的地板上。李森的主要工作是承接霸菱客戶所下的訂單，並在

＊霸菱當時名為「霸菱兄弟公司」（Baring Brothers & Co）。

Simex 執行交易，依客戶指示買賣日經指數期貨。霸菱完成這些訂單可以收取佣金，類似不動產經紀人賣掉一棟房子後可收取仲介費，李森對這樣的業務感到厭煩。

他知道自營交易才能賺大錢，而所謂的自營交易，只是投機交易較冠冕堂皇的說法，也就是用公司自有帳戶來買賣日經指數期貨，將賭注押在價格是漲或跌。大多數的投資銀行，包括霸菱在內，都會允許其部分交易員在處理客戶業務的同時，也進行投機交易，但有一定限度，以避免產生重大虧損。**一名失控的投機者，例如前一個世紀的奈德·霸菱，有可能威脅到一家公司的生存。**

李森一九九二年七月開始在 Simex 執行交易，而受到年終分紅獎金的吸引，也立即展開投機交易。[10]十五萬英鎊（約新台幣五百五十五萬）的獎金，加上五萬英鎊（約新台幣一百八十五萬元）的薪水，是切合實際的目標，這筆錢除了夠買一部保時捷，還有餘錢辦場至親好友的小聚會。[11]他後來表示：「年關將近時，所有人嘴上掛的都是獎金的事。」[12]

李森也知道，在最壞的情況下獎金可能歸零，但不會變成負數，因為交易員不用向銀行償還交易造成的虧損。**當然，他可能因為虧損過多而遭到開除，但是，若真的丟了工作，他還是可以在另一家銀行重新做起，他知道許多人都是這樣的經歷。**

在交易員薪酬的獎金結構下，獎金設有下檔底限，以免交易員跳槽不幹，但若其能賺取大把獲利，可領取的獎金則有無限上檔空間。此種結構創造了偏態的報酬，就如同德美利模擬股票交易競賽，鼓勵投機冒險的行為。

李森從未說過他和蘭金及其東南密蘇里州立大學的隊友一樣，「決定不顧一切，冒最大的風險」，因為要是說了，霸菱的主管就會收回他的交易特權。**但李森在認列虧損時，態度和這些大學生是一樣的：「這不是我們的錢，也不是客戶的錢，而是霸菱的錢。」**[13]

正如其他每家銀行一樣，霸菱了解這些危險的動機，所以會監控其交易員的舉動，尤其是像李森這樣的新手，以遏止不顧後果的冒險行為。

美商信孚銀行股份有限公司（Bankers Trust Company）是一家專擅交易業務的美國銀行，羅恩．貝克（Ron Baker）曾在該銀行任職多年，是李森的主管之一。他不但沒有約束李森，反而受到李森的引誘。李森保證，利用霸菱在 Simex 與日本大阪證券交易所的交易之便，可以賺進穩定的獲利。日經指數期貨在新加坡與日本兩地都有交易，由於兩地買賣家數處於不均衡狀態，通常會出現些微的價差，因此李森得以在這兩個市場套利。舉例來說，李森可以先在大阪便宜買進日經期貨，隨後在 Simex 以較高價格賣出，賺取當中價差。[14] 由於價格永遠不可能出現大幅的差距，這些交易只能產生小額的獲利，但憑著耐心堅持不懈，終可積少成多。

霸菱的高階主管雖對新興的股票指數期貨業務涉獵不深，但可以輕易了解套利的原則。

套利的概念存在已久，早在十七世紀，倫敦的銀行家就利用套利來致富。[15]李森的交易帶動霸菱獲利的成長。英格蘭銀行是英國政府監督銀行業務活動的機構，霸菱銀行總裁彼得．霸菱（Peter Baring）與英格蘭銀行的銀行監理執行董事布萊恩．昆恩（Brian Quinn）會面時，講述了霸菱銀行的績效，並大肆吹擂霸菱的傲人佳績：「在證券業要賺錢其實不是什麼特別困難的事。」[16]他的誇耀好比閃爍的紅燈，本可使英格蘭銀行注意到潛藏的危險。

素來寡言的彼得．霸菱做出了大錯特錯的判斷，彷彿在僥倖一桿進洞後即認為高爾夫球是很簡單的運動。用這種想法打下一洞，九成九會打出「四柏忌」（比標準桿多四桿）的成績。

彼得．霸菱之見讓李森幾乎無言以對，他在一九九六年的回憶錄中指出：「彼得．霸菱本該知道這樣的想法是錯誤的。賺錢絕對不是輕而易舉的事——辛苦創建銀行、承擔各種風險，實地訪查運河、鐵路的霸菱先祖絕對不會發此謬論……我父親知道必須努力工作，抹一平方碼（約〇．八三平方公尺）的灰泥才賺二十英鎊（約新台幣七百四十元），還得讓客戶開心滿意……轉角的洗衣店、送報生、在房地產公司樓上工作的律師……他們都知道賺錢絕對不是件容易的事。錢要是好賺，那便是賭博了。」[17]

李森實際上做的事就是賭博。**他雖說可以透過套利賺錢，但沒有耐心只賺些蠅頭小利，所以改採投機策略，想要大賺一筆**。例如，他會如同一般從事套利的人員，在大阪或 Simex 買進日經指數期貨——選價低者買進，但他並不隨即賣出以確保獲利入袋為安，而是靜心等待，希望價格能上揚，就像擲出骰子後，祈禱能開出七點。祈禱在宗教場所可能有用，但在賭場與股市還是會輸錢，令人感到焦慮沮喪。每當價格不升反跌，致使交易失利，李森就會心煩意亂，他回憶道：「我的額頭滲出汗珠，得用外套的袖口擦掉。一種可怕的失敗感開始在我的肚子裡悄悄蔓延。」

隨著虧損越滾越大，李森的做法只是讓事態更加惡化：「我有時候會賭贏，但通常是賭輸……（所以我）把賭注加倍。」他知道會有什麼後果：**「這是最簡單的賭法。如果把賭注翻倍，需要利用市場幫你回本的金額就可以減半。」**例如，在輪盤賭桌選黑色押注時，押二千元而非一千元，可以更容易贏到二千元，但可能輸掉的金額也會翻倍。李森補充道：「人人明知此舉不可為，卻照做不誤。」[18]人人可能照做不誤，但只有李森能掩蓋此事近三年之久。

無人牽制更能為所欲為

李森在一九九二年已累積二百萬英鎊（約新台幣七千四百萬元）的虧損，隔年更增加到二千四百萬英鎊（約新台幣八億八千八百萬元）——依後期的水準來看並不是多大的金額，不足以威脅到霸菱銀行的生存，因為霸菱銀行有超過四億五千萬英鎊（約新台幣一百六十六億五千萬元）的資本。但投資失利是沒辦法拿到獎金的，所以擔任新加坡後台部門總經理的李森掩蓋後台的交易紀錄，藉此將這些虧損竄改成獲利。[19]

他在由自己控管的資產負債表上假造帳目來隱藏損失，並向霸菱的倫敦總部要現金來填補失利交易的帳目，謊稱這些現金是用來支付套利部位的保證金。倫敦總部沒人確切了解這是什麼意思（他們的理解力不會勝過正讀到這裡的讀者），但李森想必正幫銀行賺進大錢，所以幾乎沒人會質疑當中的細節。[20] **霸菱所造成的問題是，給予李森這樣的交易員偏態的報酬，然後錯上加錯，讓李森負責結算自己的交易。李森坦言：「這是個很怪異的制度，讓我可以不受任何人牽制，為所欲為。」**[21]

霸菱在一九九四年中進行內部稽核作業時，李森差點敗露事蹟。[22] 李森的上司貝克帶著霸菱內部稽核主管艾熙．路易絲（Ash Lewis）到 Simex 查帳。李森預料路易絲會找他麻煩：「她做事以鉅細靡遺著稱……我覺得自己好像會被綁在牙科治療椅上看牙。我盡力想隱藏一個大洞，但是她還是會發現，然後用金屬探針戳進洞裡，說道——『啊哈，G3 有個蛀洞。』」[23]

李森一定都是用氟化物來刷牙，因為在路易絲開始查帳前，倫敦總部就召她回去了，之後進行的稽核作業，並未在資產負債表發現可疑的帳目。儘管如此，稽核結果仍指出了潛在的問題：「就一般性風險而言，總經理很有可能導致控管機制失效。他在前後台都是重要主管，因此可以代表事業群發起交易，並確保這些交易依他本身的指示結算入帳。」[24]

稽核結果最後所提出的建議是——新加坡「應重整組織架構，讓總經理不再直接負責後台業務」。這個建議或許原本可以拯救霸菱，但霸菱並沒有採取任何措施。[25]

到了一九九四年底，李森所累積的損失已膨脹至一億六千四百萬英鎊（約新台幣六十億六千八百萬元），但仍不足以擊沉霸菱這條大船。不過在此情況下，李森不得不將投機的賭注翻倍來填補損失。[26]他知道這是賭博的行為：「如果你走進全世界任何一家賭場，都會看到一群賭性異常堅強的人坐在輪盤賭桌，在一直開不出他們押注的黑色時，將賭注加倍再加倍。」[27]

哥倫比亞大學法學教授約翰．考菲（John Coffee）對此總結道：「你一旦賭輸了，沒有理由不試著翻本，把賭注加倍……李森的虧損要是被發現，他就得滾出大門，所以從他的角度來看，唯一合理的動機，就是試試他能否用賭注加倍的方式轉虧為盈。」[28]

李森瘋狂的交易最終釀成大禍。[29]在一九九五年一月二十日星期五，也就是阪神大地震重創日本的三天後，李森賭日本經濟未來可望復甦，因此大量買進日經指數期貨部位，在接下來的兩天虧損了超過一億英鎊（約新台幣三十七億元），幾乎是前兩年累計虧損的總和。[30]

李森在二月六日星期一展開最後一把投機交易，他將對日本股市的曝險額增加為原來的四倍——好比買進八百萬股，而非二百萬股的股票——並加碼其他日本證券的部位，力圖彌補他的損失。到了一九九五年二月二十三日星期四，亦是他最後的交易日，李森的累計虧損已經超越八億英鎊（約新台幣兩百九十六億元），而這幾乎是霸菱總資本的兩倍。[31]

李森在星期五當天沒有上班，只留下一張字條給他在 Simex 交易大廳的同事，交待他們自己要去泰國普吉島慶生。李森在二月二十五日星期六將滿二十八歲，而如同慶祝他的生日，霸菱在一九九五年二月二十七日星期一進入司法管理（judicial management）程序，即類似美國破產法第11章的破產程序。[32]

別忽視警訊，失控後不可能全身而退

李森是個惡棍交易員，他謊報交易策略、隱藏損失，繼而摧毀他所任職的公司，使四千名員工失去工作，但霸菱本身也責無旁貸。**和大多數銀行一樣，霸菱偏態的薪酬結構鼓勵交易員鋌而走險，不在乎附帶的後果。**

霸菱原本可以比照銷售人員給薪的方式來支付交易員的薪酬，藉以摒除偏態的報酬，專注處理客戶業務。但霸菱就像交易員本身一樣，也想從自營交易獲取更多收益，所以選擇監督交易員，避免其從事賭博的行為。霸菱的重大缺失正在於此。霸菱讓李森負責新加坡後台作業，而李森可以在後台作假帳隱藏自己的虧損。此項錯誤，好比讓一九三一年遭判逃漏所得稅罪名的黑幫分子艾爾·卡彭（Al Capone）審查自己的報稅單。一名霸菱員工痛惜道：「我們的奇恥大辱在於，我們的經營作風極為保守，但恰恰是我們努力想減到最小的風險——自營交易風險——將我們澈底擊垮。」[33]

在一九九三年與一九九四年間，倫敦總部的高階主管無視李森破表的績效所透出的警訊，不願把這位金童惹毛。霸菱一位未直接涉入案情的高階主管表示：「他們對李森的損益〈收益和損失〉表現十分滿意，有人提出質疑時，會採取極為防備的姿態。」[34]

在事後的檢討中，英格蘭銀行指出「因所謂『無風險套利』而產生的鉅額收益，本應視為異常且可疑的收益水準」。[35] 李森表示：「我的收益數字嚴重脫離常軌，卻沒人阻止我的作為。雖然霸菱倫敦總部曾討論其中可能的成因，但不知為何，他們沒再追究這個問題。」[36]

許多人認為，截至一九九四年十二月，霸菱的高階主管對於不斷累積的虧損是知情的，他們當時本可遏制虧損繼續擴大，但卻默許李森後續的投機交易，希望這些交易能消除赤字。

曾任全世界最大期貨交易所——芝加哥商品交易所（Chicago Mercantile Exchange）董事長的里歐・梅拉梅德（Leo Melamed）表示：「損失一旦到達約上億元的規模，他們想必是知情的。」[37]艾倫・拉斐爾（Allan Raphael）是阿諾德與S・布萊希洛德投資銀行（Arnhold and S. Bleichroeder）的投資組合經理人；該投資銀行的歷史幾乎和霸菱一樣悠久。他說道：「若說霸菱對此並不知情，實在缺乏可信度。我不相信這只是一人所為。」[38]

英國下議院命英格蘭銀行提交報告，說明霸菱事件的始末。這份英格蘭銀行的報告證實了前述的猜疑：「截至一九九五年一月，霸菱倫敦總部的管理層已知曉霸菱交易業務規模所引發的市場疑慮及傳聞……霸菱在一九九五年一月二十七日接到國際結算銀行（the Bank for International Settlements）的關切電話。國際結算銀行聽到了傳聞，內容大致指稱霸菱在日經合約有融資損失，而且無法支付追繳保證金。」[39]

霸菱的管理層錯在輕忽事態，並打著一廂情願的如意算盤，或許是上一個世紀獲得英格蘭銀行拯救而培養出此種心態。霸菱銀行在一九九五年並非「大到不能倒」的企業，但卻自恃於其先祖的基業及與皇室的關係，認為其做為一家公司就像一棵參天的神木，應當受到保護。

先前認為「在證券業要賺錢其實不是什麼特別困難的事」的總裁彼得・霸菱，想要推卸責任以博取同情，他暗指是李森帶頭進行一場陰謀要摧毀霸菱，並相信他有一群同夥先前刻意賣空，以致於「霸菱正式垮台時……〔他們〕就有大好機會大賺一筆」[40]。英格蘭銀行沒有發現任何證據可以證明這場陰謀，而且拒絕出手拯救霸菱，如《華爾街日報》所推測，或許是為了「以這家素享盛名的銀行做為同業的借鏡」。[41]

李森也學到下檔保護是有限度的。一九九五年十二月，在李森承認犯下「不法掩飾交易損失，導致霸菱破產」的罪行後，新加坡法院判處他入獄服刑六年半。[42]理查・馬格努斯（Richard Magnus）法官之所以判處接近八年最大刑期的刑罰，原因如他所說：「被告被委以重任……〔而〕他利用職位之便行背信忘義之事。他的刑罰必須夠重，足以顯示他的犯行對大眾的影響重大。」

李森在聆聽宣判時保持沉默，站在庭上面無表情，也沒有落淚，但幾無旁觀者能夠理解，為何李森會以為自己掩蓋損失還能全身而退。**虧了錢尚可受到原諒，但每位交易員都知道，隱瞞損失是原罪，被逐出證券界是最低限度的懲罰**。他早該知道不會有好下場。

但事情並不盡然如此。

只看紅利放手一搏遲早會付出代價

所羅門兄弟（Salomon Brothers）是一家美國投資銀行，在一九八〇年代以其強大的市場力量著稱，而霍伊・魯賓（Howard Rubin）是這家銀行的明星抵押貸款證券交易員。魯賓大學時念的是拉法葉學院（Lafayette College），主修化學工程，畢業後他曾靠著在拉斯維加斯的二十一點牌桌算牌賺錢，之後赴哈佛商學院進修並畢業。

要當一名成功的交易員，魯賓的背景再適合不過了，尤其是在二十一點牌桌的資歷。在牌桌上，他只在出現勝算後才會大賭一把，展現足堪比擬成功交易員的才幹。魯賓在一九八二年加入所羅門兄弟，在前兩年的交易中，分別為該銀行賺進二千五百萬與三千萬美元的收益，創下新高紀錄。**他說道：「在所羅門兄弟的交易大廳，就彷彿置身在拉斯維加斯的賭場，周遭充斥著無數讓你分心的事物，你就在這樣的環境中押上賭注，控管風險。」**[43] 劉易斯・萊奈瑞（Lew Ranieri）是所羅門兄弟的董事總經理，也是不動產抵押貸款證券（mortgage-backed security）的發明者，他稱魯賓是「我所見過最天賦異稟的年輕交易員」。

魯賓在一九八五年初因薪酬糾紛而離開所羅門兄弟，接著加入美國最大的證券零售商美林證券（Merrill Lynch），協助建立其抵押貸款證券交易作業部門。美林提供魯賓三年的合約，每年薪酬一百萬美元，並可從其交易收益抽成。[44] 美林給出的薪酬相當於所羅門兄弟的三倍，更重要的是，其同時確保交易員能獲得偏態的報酬，享有明確成數的分紅。沒有限度的上檔空間，有如給了魯賓一張又一張免費的彩券。

美林特許魯賓進行抵押貸款證券的投機交易，因為他熟悉這個市場，知道如何賺取收益，但魯賓在一九八七年四月向前跨進了一步。他逾越授權的交易額度（即使明星交易員也是有限額的），想著可以風生水起，財源廣進。**據美林一位高階主管表示，魯賓認為「他在抵押貸款證券市場是全世界首屈一指的天才。他不尊重上級，認為他們什麼都不懂。在證明自己的想法是對的之後，更覺得自己就要成為眾人崇拜的對象」**。[45] 但魯賓輸了押在不動產抵押貸款債券上的賭注。然而，他並沒有如專業交易員般立即停損，反而隱瞞眾人偷偷持有這些證券，希望能扳回一城。一位美林的主管指出：「他就這麼把債券放在自己的抽屜裡。我們不知道美林擁有這些債券。」[46]

魯賓之前就有虧損的紀錄，他曾在一九八五年十二月虧損了四千五百萬美元，因此美林對他進行更嚴密的監督。魯賓的交易績效有所改進，但沒能防止一九八七年產生的二億五千萬美元虧損，這是截至當時經紀業史上最大的虧損。一名追蹤美林的證券分析師據此將美林的獲利估值對半下修，並指出：「值得思考的問題在於，美林對不動產抵押貸款證券交易員的嚴格控管。如果當初有確實把關，或許可以及時停損。」[47]

沒人可以解釋魯賓究竟如何順利隱瞞他的交易，但美林因此事將魯賓開除，同時將他的直屬上司停職，要求他為監督魯賓不力負責。[48]美林當時的資本額達三十億美元，因此魯賓的虧損絕不會有導致美林破產之虞，但考量面臨的窘境，以及未來或有可能發生更大的災禍，這家券商不得不進行重整。美林聘請世界銀行財務主管尤金．羅特伯格（Eugene Rotberg）出任執行副總，在美林只有六人擔當此職位。美林賦予羅特伯格一項特殊任務，亦即「監控、管理、控制美林的風險部位」。[49]

美林在一九八七年四月開除魯賓一事，引發了高度關注。這事件本可讓各銀行、券商的交易員體認到，他們的安全網是有限的，李森也應可體認到，造成鉅額虧損並錯上加錯掩蓋赤字會讓他丟掉工作，而且這是他理所應得的懲罰。

但在一九八七年十一月，此番情節有所改變，削弱了魯賓事件的警示作用。有一家名為「貝爾斯登」（Bear Stearns）的投資銀行打算進軍抵押貸款證券市場，並給了魯賓東山再起的機會。[50]幾年後，貝爾斯登的押注有了回報，魯賓所領軍的抵押貸款證券事業群獲利達到一億五千萬美元，幾乎是貝爾斯登歷來年收益的一半。

貝爾斯登總裁詹姆斯．凱恩（James Cayne）如此評價魯賓：「他是個超級巨星」。[51]當

被問及貝爾斯登的內部控管措施，以及傳聞該公司利用「內部間諜」在走廊巡視，監督投機交易作業時，凱恩的回答是：「我們認為所有人都是誠實的，但如果像老鷹一樣監視他們，他們就會更誠實。」

遺憾的是，對凱恩來說，故事並未就此結束。在二〇〇八年三月，金融市場因為貝爾斯登從事投機性的投資而對其失去信心，並由此寫下金融危機的序章。投資人撤回貝爾斯登日常營運所需要的資金，導致其瀕臨破產。美國央行，亦即美國聯邦準備理事會（Federal Reserve，簡稱聯準會）出手協助紓困，促成摩根大通集團（JPMorgan Chase & Co.）以每股十美元的低價收購貝爾斯登。然而與此相較，貝爾斯登一年前的股價尚處在每股逾一百五十美元的水準。許多貝爾斯登的高階主管無不努力防止公司因投資人喪失信心而遭賤價拋售，但凱恩除外。他坦承：「我當時正在底特律玩橋牌。」[52] 在凱恩之前擔任貝爾斯登總裁的艾倫・「艾斯」・格林伯格（Alan "Ace" Greenberg）指出：「在發生危機之時，他的表現根本就不稱職。」[53]

若藉由監控的方式來控管交易員，即使出動X光掃描機，也永遠無法偵查到用來隱藏投機交易的各種奇法妙招。交易員熟知自己的業務，可以像間諜組織首腦一樣將自己的痕跡掩蓋掉。給付交易員固定薪資可以消除賭博的動機，繼而解決問題，但銀行業者並不願意採用這個簡單的解決方案。**霸菱、貝爾斯登、美林等業者都和交易員本身一樣，想要追求更高的報酬，**

所以繼續聘僱金融神槍手，他們贏得大錢就給分紅，然後抱持樂觀的態度。結果就是：一旦他們輸掉賭局，納稅人就得買單，付出高昂的紓困金。

第 8 章

反抗 vs 投降：希特勒力求逆轉的突出部之役

克勞斯．馮．史陶芬堡（Claus von Stauffenberg）上校出生於德國軍人世家，屬於貴族後裔，他在一九四三年作戰時受傷，因此必須戴上單眼眼罩。在德國尚有些許談判能力的時期，史陶芬堡主導了一九四四年七月二十日執行的密謀計畫，企圖藉此刺殺希特勒，終結第二次世界大戰。[1]

三十六歲的史陶芬堡上校前赴希特勒的狼穴（Wolf's Lair）指揮部參加納粹將領會議時，將裝有炸彈的公事包放在一張厚橡樹桌下方。但定時炸彈只導致四人身亡，未能命中目標。當天這場脆弱的預謀叛亂即告瓦解，報復行動旋即而至。這並非希特勒首次遭遇暗殺，但此次有各界高層人士參與密謀，包括高級軍官在內，加重了希特勒的偏執症，最後針對此案進行了二百場處決，包括處決史陶芬堡。[2]

希特勒要求拍下執行絞刑時的影片，他要看到吊在掛肉鉤的身軀旋轉晃動的掙扎過程，以確認敵人已受到懲罰。他早就懷疑德國軍官團謀反，但七月二十日的密謀計畫更加深他的怒火，因為不久前，也就是一九四四年六月六日諾曼第登陸日，盟軍才成功攻進德國占據的法國領土。英美兩軍已沿著八十公里長的海岸線越過諾曼第海灘，奪回自一九四〇年閃電戰（blitzkrieg，該年德軍在法國各地進行為期六個星期的閃電突擊）以來一直遭納粹侵占的領土。希特勒的軍需生產部長阿爾貝特．史佩爾（Albert Speer）表示，在諾曼第大登陸後：

「我認識的所有軍事將領在當時一致認為，因為諾曼第戰役告捷，戰爭肯定會在十月或十一月結束。」[3]

希特勒不理會這些唱反調的人士，命德軍繼續奮戰。一九四四年十二月十六日，他有如步態已蹣跚不穩的拳擊手突然揮拳反擊，趁盟軍不備之際發動了一場襲擊。在德軍這場日後稱為「突出部之役」的戰役中，擔任歐洲盟軍最高統帥的艾森豪將軍告誡他的部隊，敵人「正發動猛攻，要奪回你們已經贏取的一切，並訴諸所有奸詐手段來欺騙、殲滅你們」。[4] 隨著戰事的推展，艾森豪獲美國總統富蘭克林．羅斯福升為五星上將。他因勢利導，激勵他的兵士道：「敵人或許給了我方大好機會，將他的豪賭變成最大的慘敗。」儘管艾森豪力戰敵手，希特勒仍在歐洲對美軍犯下了戰時最凶殘的暴行。

希特勒為什麼堅持發動反擊戰役？

一九四四年七月三十一日星期一午夜將臨的七分鐘前，希特勒與五十四歲的德意志國防軍最高統帥部作戰部長阿爾弗雷德．約德爾（Alfred Jodl）將軍展開會議，他們在狼穴重兵防守的地堡內開會長達一小時。[5]狼穴由外觀質樸的建築群組成，四周布滿密林、迷彩偽裝網、水泥地堡，繼十一天前刺殺未遂事件發生後，希特勒這座位在東普魯士森林的藏身巢穴已經嚴加戒備，不過約德爾仍了無懼色。

約德爾是希特勒的早期支持者，整個大戰期間，他幾乎都待在狼穴的一座隱蔽地堡，在七月二十日的爆炸中遭到炸傷。約德爾日後在紐倫堡（Nuremberg）接受了戰勝的盟軍審判，並在一九四六年因危害人類罪而遭到處決。希特勒相當倚重約德爾，希特勒藉他之助將自身的想法轉化成軍事命令。約德爾將軍不同於其他阿諛奉承的隨從，面對德國最高統帥總是以率直的自信進言。然而，在這一天，約德爾卻靜靜聆聽這位納粹領導人講述一項反擊計畫。

希特勒年方五十五歲，卻像個八十多歲的老人弓身駝背，並且因帕金森氏症而不住顫抖。他針對密謀七月二十日刺殺案的仇敵滔滔不絕發表大論：[6]「謀叛之事無疑已經進行了一段時間，我們必須負一部分責任……我們總是基於所謂的軍方考量，未能及時整肅叛徒……儘管早已知道……他們是叛徒……我們必須擊退、驅逐這些低等的人——有史以來穿上軍裝的最低等的人。」

希特勒接著指示約德爾研擬「我方作戰計畫——但該計畫不得對集團軍發布……現在軍隊內部缺乏安全保障，難防計畫內容會被立即傳送給敵方」。**這位納粹領袖把細節交給約德爾**

構思，但言明他要的是大無畏的一擊，是「德國命中注定的一場戰役——避無可避的命運之戰……德軍不成功便成仁的終極之戰」。他準備好好賭一把：「我無法預測最後一顆骰子會落在哪裡，但伺機一搏還是有希望創造變局。」

希特勒於一九四四年七月三十一日祕密指示約德爾策劃一場反擊，以期扭轉戰局，但此舉忽略了他最得力的將官先前給予的忠告。陸軍元帥格特・馮・倫德施泰特（Gerd von Rundstedt）身材矮小，留著和希特勒一樣的小鬍子，一九四四年時已經六十九歲，在軍中已是耆老，但仍流著戰士的血液。他與父親同是職業軍人，其父曾參與一八七〇年的普法戰爭。倫德施泰特在第一次世界大戰時擔任參謀官，在一九四〇年時指揮位於法國的閃電戰，並在諾曼第戰役期間擔任西線總司令。他深諳後勤補給與軍事戰略的影響力，知曉在諾曼第登陸成功後，英美軍源源不斷推進的坦克及部隊，將對德軍造成重創。貝希特斯加登鎮（Berchtesgaden）位於巴伐利亞阿爾卑斯山脈（Bavarian Alps），鄰近奧地利的邊境，是希特勒的度假地。倫德施泰特在六月底前往該處講述他的擔憂，但未能讓這位納粹頭子信服。[7]

後來，倫德施泰特返回在法國的指揮部，打電話給他的上級長官，也就是德國國防軍最高統帥部總長威廉・凱特爾（Wilhelm Keitel），並告訴他德軍「最好找個年輕一點的人來繼續打這場仗」。凱特爾是希特勒的親信之一，他詢問倫德施泰特應該如何因應軍情，倫德施泰特便對著電話大喊：「結束戰爭啊！你們這群笨蛋！」

對於倫德施泰特的直言不諱，希特勒的回報是在一九四四年七月三日星期一將他免職，由陸軍元帥君特・馮・克魯格（Gunther von Kluge）繼任該職。克魯格是經驗豐富的將領，曾參與先前德國在波蘭、俄國、法國打下的勝戰，倫德施泰特在一九四〇年是他的指揮官。克魯格只比倫德施泰特小七歲，但身材較為高大，個性也較為樂觀（至少最初是如此），他的胸前和倫德施泰特一樣佩戴著同樣的軍事勳章。

不令人意外的是，克魯格才抵達新指揮部不久即得出相同的結論，但中途發生七月二十日刺殺未遂事件，使他暫時止步。克魯格先前就知道這項密謀計畫，卻沒有舉報，因此情勢對他不利。不過幾天後，他便寄信給希特勒表示他贊同倫德施泰特對於軍情的評估：[8]「個人來此決心執行您的命令，不計一切代價堅守防線。惟思及必須付出之代價，是包括我軍緩慢但持續受到殲滅……不由對近期將面臨何種景況憂心忡忡。」

克魯格已經招來了殺機。

不到一個月後，克魯格在赴前線的途中消失了蹤影；希特勒在收到克魯格了無鬥志的信函後，已經開始懷疑他的忠誠，並認為他消失蹤影可能是暗中聯繫英軍協議停戰。幾個小時後，克魯格在他的指揮部現身，解釋他的失蹤是因為吉普車遭到敵機掃射，但他卻收到一則通知，告知他希特勒已撤除他西線總司令的職位，並召他返回德國。

克魯格知道這背後代表什麼意義，於八月十八日驅車返回柏林的路上服毒自盡，但死前留給希特勒一封奉承乞憐的訣別書：[9]「德國人民已飽嘗說不盡的苦難，如今已經到了終止這些恐懼的時刻……我的元首（Fuhrer），我一直景仰您的偉大，您在這場艱難苦戰中所樹立的軍威……您已經打了一場偉大而榮耀的戰役。現在，請您印證您的偉大，終止……這場無望的抗爭。我的元首，請容我與您道別，我……〔已〕克盡職守。」

希特勒不理會克魯格臨終的阿諛諫言，告訴凱特爾：「現在還沒到做出政治決策的時刻。我認為我已經在個人生涯中充分證明，我有能力取得政治上的勝利。我無需向任何人說明，我不會讓任何機會……白白溜走。但當然，在現下敗戰的時期，期望出現政治上的契機而有所作為，是幼稚又天真的想法。如果我們能勝出，這些契機就可望浮現。」[10]

希特勒期盼約德爾策劃的反擊能夠獲致勝利，並表示我方「要持續戰鬥，直到能達成合理和平狀態的機會出現——一個德國可以接受並可保衛後代性命的機會」。

希特勒可以接受的和平，大大背離德國人民的利益，但七月二十日密謀計畫失敗後，便無人可為平民百姓的性命抗爭。希特勒為了個人的榮耀而孤注一擲，但付出代價的卻是軍人與平民，如同眾多獨裁者一樣，希特勒此種棄民於不顧、唯我獨尊的想法，曲解了他對國家應盡的

義務。希特勒無視放膽一搏可能造成的傷害，將狂妄自大推升到新的境界，說道：「如果德國人輸掉戰爭，它〔原文照登，應指「他們」〕就證明自己不配當我的子民。」[11]

研擬關鍵一役的作戰計畫

一九四四年九月十六日星期六，希特勒在狼穴的地堡與少數幾位值得信任的軍事顧問開會，並且命所有與會者起誓保密。[12]約德爾與凱特爾理所當然也是其中的一員，與會者還包括海因茨・古德林（Heinz Guderian）將軍，他是倡導將步兵與機械化裝甲部隊結合成裝甲師的先驅。隸屬空軍的維爾納・克雷普（Werner Kreipe）將軍，則是代表赫爾曼・戈林（Hermann Göring）出席。戈林是德國空軍總司令，並未受邀出席，或許是因為他的戰機對抗盟軍的威力減弱，因而惹惱了希特勒。

希特勒嚴禁留存會議紀錄，只允許撰寫依其所好竄改的官方紀錄。要是這位納粹頭子知道克雷普勤寫日記，違令記載會議情形，恐怕會更加惱火。透過克雷普將軍保存完整的紀錄，便可從內幕人士眼中預覽突出部之役的面貌。

會議一開始由約德爾檢討西線戰況——這是有點難堪的主題，因為盟軍幾星期前已解放巴黎，將德軍步步緊逼到萊茵河。約德爾壓低聲音含糊道出，他估計英美兩軍戰力勝過德軍。希特勒的聽力原本就受損，經過七月二十日爆炸案後變得更差，約德爾希望這樣一來，希特勒就聽不清楚他彙報的壞消息。然而，當約德爾低聲說出「缺乏重裝武器、彈藥、坦克」等字眼時，希特勒輕蔑地揮手打斷他。經過一陣尷尬的寂靜後，希特勒說道：「我剛做了一個重大的決定。」他接著進一步凝聚眾人的目光，在前方桌上的地圖用手一指，宣告：「我要發動反擊戰——從亞爾丁（Ardennes）這裡開戰，目標是占領安特衛普（Antwerp）。」[13]

此番經過精心策劃的宣告震驚了所有人，但約德爾除外，因為他在七月底與希特勒開會後，就一直在研擬這場反擊。這位大將有如舞台布景般保持沉默，靜靜聽著希特勒講解目標鎖定比利時的安特衛普市，這是深入敵方後的攻擊目標，因為安特衛普是盟軍使用的主要港口。希特勒也更隱晦地說道，他要「切斷英美軍之間的接合線」，然後朝著克雷普的方向點頭示意，補充一項作戰細節：「攻勢會在惡劣的天候下展開；如此一來，敵軍也無法駕機作戰。」[14]

希特勒的遠大謀劃乃是借鑑德軍的歷史經驗。他所策劃的反擊令人想起第一次世界大戰的春季攻勢（spring offensive）。埃里希・馮・魯登道夫（Erich von Ludendorff）將軍是陸軍元帥保羅・馮・興登堡（Paul von Hindenburg）的參謀長，他在一九一八年三月二十一日奮力一搏發動猛攻，以在大批美軍增援部隊抵達前，壓制英法兩軍勢力，稱為春季攻勢*。

美國在一九一七年四月即已參與第一次世界大戰，但尚未準備周全，直到將近一年後才出兵作戰。魯登道夫知道美軍若全力參戰，在火力上將壓過德軍而占有優勢。希特勒在一戰時只是一名下士，對於能夠參與魯登道夫攻勢深以為榮：「我有幸參與一九一八年前兩場和最後一場攻勢，在我整個人生中留下最深刻的印記。之所以最深刻，是因為在最後一場攻勢中，情勢轉守為攻……彷若〔先前〕一九一四年的情景。在德軍的戰壕中……眾兵重整呼吸，在經歷三年的困戰後，清算舊帳的日子已經到來。」[15]

雖然魯登道夫的賭注未能竟功，導致德國在一九一八年十一月十一日投降，但希特勒至少有兩大理由預期此次反擊會有更好的結果。他認為英美兩國之間建立的合作關係相當脆弱，若突破兩軍之間的戰線，則合作關係可望瓦解：**「我們所對抗的是兩個最極端相悖的敵手……一方是垂死的世界帝國——英國；另一方則是試圖建立傳統的殖民地——美國……如果我們能成功予以幾次重擊，這道人為的統一戰線就可能隨時轟隆一聲瓦解。」**[16]

希特勒誤解了他的敵手，而更糟的是，他還不自知。他對美國的認識，來自於好萊塢影片，尤其是勞萊與哈台（Laurel and Hardy）的喜鬧劇，但他應該先攬鏡看看自己這副令人憎惡的尊容，就是這副面容促成美國總統羅斯福與英國首相溫斯頓・邱吉爾攜手合作。

希特勒也曾聽聞美國將軍喬治・巴頓（George Patton）與英國陸軍元帥伯納德・蒙哥馬利（Bernard Montgomery）之間的競爭。這兩人的相爭，一個是好戰的鬥牛犬，另一個則是自負的孔雀，是搬上大銀幕的好戲碼，但在艾森豪將軍所統帥的戰場上，這種戲碼不可能上演。

希特勒也預期這次戰役能得勝，不會像魯登道夫一樣落敗，因為他會穿越亞爾丁森林（Ardennes Forest）展開攻勢，這個論點就比較有道理了。亞爾丁森林內有河川、溪流、深谷、密林等，如同一張蜘蛛網交織其中，可以困住現代軍隊毫無戒心的坦克軍和砲隊。大多數的軍事策略家都認為，遍布於法國、比利時、盧森堡、德國的崎嶇地形是難以穿越的。然而，法國在一九四〇年因為此項評估而付出了代價。當時法國未嚴加防守林區，使德軍能穿越森林，並在六個星期的時間內征服法國。由於倫德施泰特將軍曾指揮一九四〇年在法國各地進行的閃電戰，所以希特勒在九月十六日的「重大決策」會議中，宣布召回倫德施泰特指揮反擊戰自是十分合理。[17]

這位老將軍將使敵軍再度大吃一驚。

＊春季攻勢又稱作「魯登道夫攻勢」。

誓言不惜代價發動逆襲

一九四四年十一月，全球各地報紙頭條無不為盟軍行進至萊茵河畔歡呼喝采。而盟軍推進至萊茵河後，希特勒的第三帝國有遭踏平之虞，提高了他最後一搏的賭注。《紐約時報》率先登出橫貫全頁的大標題「前進萊茵河」（To the Rhine），《愛爾蘭時報》（*Irish Times*）則是在頭版刊登「美軍前進萊茵河『門戶』」（Americans Advance on Rhine 'Gateways'），不過《曼徹斯特衛報》（*Manchester Guardian*）隻字未提德國這條最知名的河流，但卻下了一個令希特勒最為惱怒的頭條標題「再逢十一月」（Two Novembers）。[18]

這家英國報社將德國當前軍勢比擬為一九一八年十一月，也就是德國投降而結束一戰時的頹勢：「以往德皇的軍隊還能進行大規模的攻擊……現今德國的戰爭機器已經殘破不堪，無法再火力全開。齒輪不再咬合……與今日相比，德國人在一九一八年停戰日的處境簡直要好太多了。」[19]這番輕蔑的話語反而使希特勒更鐵下心來發動逆襲，誓言要讓第三帝國的心跳高聲鼓動。

在十一月三日星期五，參謀長約德爾已和少數幾位高級將官開會研擬亞爾丁攻勢的綱要，並奉希特勒之命要求眾人宣誓保密。哈索・馮・曼陀菲爾（Hasso von Manteuffel）將軍雖然身材矮小，但大有名聲，他因在北非、俄國戰役的英勇戰績而授勳無數，獲得希特勒拔擢為德國第五裝甲集團軍（the Fifth Panzer Army）的指揮官。他回想起在會議開始時簽下的正式宣誓書：「我原以為這場會議只是個例會……但看了宣誓書一眼……很快便發現這場會議並不尋常……每位出席的將官都必須立誓完全保密……〔而且〕如有任何將官違誓……概以死罪論處。」曼陀菲爾簽下宣誓書，心想：「無論在一九四四年七月二十日之前或之後，我都經常在貝希特斯加登鎮或狼穴參與希特勒主持的機密會議，可這是我首次看到像〔這樣〕的文件。」[20]

在會議中，約德爾將反擊日訂在十一月二十五日星期六，並徵求曼陀菲爾的意見。儘管對於反擊是否為明智之舉有所保留，這位矮小的將軍仍回答將「盡全力」執行計畫。曼陀菲爾回想起「當我接著表示，在十二月十五日之前發動反攻恐怕沒有勝算」，約德爾一聽便一臉驚恐。[21] 約德爾說道：「希特勒絕對不會贊同這個觀點」，但曼陀菲爾立場堅定。曼陀菲爾對於反擊時點的看法是正確的，希特勒之後也同意推遲時間，最終贊成以十二月十六日星期六為德軍的作戰日（D-Day）。[22]

十二月二日星期六，在開完作戰指示會議後，曼陀菲爾與希特勒私下長談。**這位納粹領袖講解反擊要成功，必須能發揮公關效應，除了提振德軍士氣，還要令同盟國刮目相看**。希特勒接著道出一個想法，這讓曼陀菲爾的脖子起了雞皮疙瘩，也使他約一百六十公分的身軀縮得更小：「我決心不顧一切風險發動這場作戰；即使盟軍即將展開的攻擊……會造成領土要塞大失也在所不惜。無論如何，這場反攻勢在必行。」[23]據曼陀菲爾表示，希特勒還說道，該是「孤注一擲」的時候了。

不平靜的聖誕節

希特勒對於保密的執著終獲報償。他除了威脅以死罪論處任何洩密者，還將反擊計畫命名為「守護萊茵作戰」，字面意味著防守而非進攻計畫，巧妙的騙術堪比「女王密使」（Her Majesty's Secret Service）*。約德爾也有貢獻，將作戰細部計畫稱為「秋霧」，此種在秋季觀察到的景象，反映出如要成功反擊，必須藉助惡劣天候，使盟軍無法出動戰機。

德軍在一九四四年十二月十六日星期六早上五點三十分發動亞爾丁攻勢時，大多數的盟軍統帥都在忙別的事，會有這樣的舉動或許是因為他們看到的都是有利盟軍的頭條報導。

英國陸軍元帥蒙哥馬利忙著計畫過聖誕節，而且就在前一天，他還快遞信件給艾森豪，請他准許自己回英國與兒子共度聖誕假期。[24]他也提醒艾克（Ike，艾森豪將軍的暱稱），前一年他們用五英鎊（約新台幣一百八十五元）打賭大戰是否會在一九四四年聖誕節前結束，蒙哥馬利賭的是「大盤」，艾森豪則是賭「小盤」，所以蒙哥馬利要艾森豪給錢，並寫道：「我想錢可以在聖誕節的時候給我。」艾森豪回答，蒙提（Monty，蒙哥馬利的暱稱）會在他的「聖誕襪」裡收到現金，「但聖誕節當天才會付現」。艾克還有九天的時間，這段時間凡事都可能發生。不過在這之後，艾森豪的指揮部才收到德軍進攻的軍報，蒙哥馬利的賭金就此扣住。

盟軍在十二月十六日早上十一點攔截到倫德施泰特在當天下達的軍令：「西線的戰士們！你們的光榮時刻已經到來。強大的軍團已在今日集結攻討英美兩軍。箇中意義，自不待言！我們要賭上一切！銘記你們的神聖使命，奉獻一切，為常人所不能為，為我們的祖國與元首而戰。」這軍令原本應使盟軍有所警覺。[25]

倫德施泰特讓希特勒的豪賭聽起來像是一場聖戰，但艾森豪不為所動，照常參加他的傳令兵米奇・麥基奧（Mickey McKeogh）中士與波莉・哈格雷夫（Pearlie Hargrave）在凡爾賽特里亞農宮酒店舉辦的婚禮。[26]

當天稍晚，在收到盟軍前線多處遭到突破的軍報後，艾森豪終於警示幕僚：「這不〔是〕

---

* 此處引用電影《007：女王密使》名稱來比擬騙術的嚴密。

局部的進攻」，並說明：「如果敵軍在亞爾丁只是想發動一場小攻勢並不合理。」[27]艾森豪意識到了潛藏的危險：「德軍在一九四〇年就是越過同一區域大舉進攻……指揮官同樣是我們現前所面對的倫德施泰特。看來他有可能想要重現他四年多前所打下的勝仗。」

在濃霧與低雲的遮蔽下，英美的戰機無法發現德軍的坦克車，使德軍在前幾天得以順利推進。**德軍突破約八十公里的防線，到達盟國境內的中心，在地圖上形成一道突出的戰線，因此這場戰役稱為突出部之役**。但德軍始終無法逼近最終目標——比利時的安特衛普港。

據曼陀菲爾將軍所言，到了聖誕節前夕，盟軍已經成功擊潰我們的勢力：「當時我們的作戰行動顯然已經到達高點。我們知道永遠無法觸及我們的目標了。」[28]他解釋道：「或許這當中最決定性的因素是天候的改變。從十二月二十三、二十四日起……同盟國的空軍即可不受限制作戰——他們在我軍進攻的整個區域找到值得鎖定的目標……我軍的行動力不斷減弱……雪降下來，氣溫下滑，狹窄的山路結了一層層的冰，在白天移動已經……是不可能的事。」

亞爾丁森林狹窄的通路與滑溜的地面形成一張大網，將德軍困住，重拾其無法穿越的名聲。希特勒不願屈從，因此激戰持續進行，一直到一九四五年一月底方告停歇，成為二戰最血腥的一役。[29]

在對戰期間，美國戰爭部長（一九四七年更名為國防部長）亨利．史汀生（Henry

Stimson）坦言，敵軍已對美軍造成「嚴重」的傷亡，但也表示：「德國的孤注一擲將自招惡果。」[30] 史汀生這兩句話都說得沒錯。各種欺詐、殘暴、悲痛的故事都在突出部之役連番上演，直到戰役告終為止，但最殘酷的惡行發生在第二天，也就是十二月十七日星期日，地點在馬爾梅第（Malmédy）這座比利時小城的附近，為放手一搏所造成的附帶損害（collateral damage）賦予新的意義*。

自招惡果的孤注一擲

希特勒知道他的奇襲要成功，必須仰賴軍隊的速度與忠誠度，所以指派新成立、由武裝黨衛軍（Waffen SS）部隊組成的第六裝甲集團軍當先鋒。不同於屬於正規軍的德意志國防軍（Wehrmacht），武裝黨衛軍的成員隸屬於稱為黨衛軍（Schutzstaffel，簡稱 SS）的軍種。

海因里希・希姆萊（Heinrich Himmler）是黨衛軍的領袖，其亦掌管凶殘的警察組織「蓋

---

* 附帶損害（collateral damage）原為軍事術語，指軍事行動造成無辜平民傷亡。此處指後續的屠殺事件。

世太保」（Gestapo）。武裝黨衛軍成員和蓋世太保的同袍一樣屬於納粹黨，如同邪教信徒般誓死效忠希特勒。雖然希特勒同時需要職業軍人與這些狂熱信徒效力，但在七月二十日刺殺案後，他對武裝黨衛軍的信任遠勝於職業軍人，因此讓武裝黨衛軍部隊配備最先進的武器。

約阿希姆．派佩爾（Joachim Peiper）中校在十幾歲時是希特勒青年團（Hitler Youth）的成員，他曾擔任希姆萊的副官，亦是武裝黨衛軍的資深軍官，拜希特勒的偏執之賜，有了大展拳腳的機會。二十九歲的派佩爾身材挺拔，有一百八十二公分之高。他在十二月十六日率領了由一百多輛坦克車組成的部隊向前推進。這些坦克中包括新製造的「虎王」（King Tiger），其乃是重達七十公噸，幾乎百堅不摧的重甲坦克。[31] 派佩爾的目標是默茲河（Meuse River），即前往安特衛普的第一站。

十二月十七日星期日早上，派佩爾的進攻部隊在馬爾梅第這座小城附近遭遇美軍的抵抗，減緩了推進的速度，但經過短暫的交火後，寡不敵眾的美軍步兵舉手投降。派佩爾決意彌補耽誤的時間，將戰俘交由黨衛軍步兵看管，繼續率領坦克部隊往前推進。[32]

沒有人聽到派佩爾中校下達任何指示，但派佩爾離開不久，黨衛軍部隊便將一百多名美軍戰俘集中到一片雪地，然後以手槍與機關槍向群聚的戰俘開火。在這場大屠殺中，一部分的戰俘躲在已遭射殺的同袍身下而逃過一劫，但至少有七十一名美國士兵慘遭殺害。當時二十一歲的步兵泰德・帕魯奇（Ted Paluch）下士僥倖生還，他在多年後回憶道：「我真的很幸運。我當時站在前面的位置，只受了輕傷……之後只要有人發出呻吟，他們就會過來射殺。我裝死一直躺在那裡。」[33]

帕魯奇認出行凶的是黨衛軍，因為他們衣領的徽章有特殊的骷髏頭、兩根交叉人骨及閃電圖樣。他記得僵硬地躺在雪地裡約兩小時之久，在「所有的卡車、半履帶車都開走，變得有點安靜」後，就起身和其他幾人一起逃跑。

馬爾梅第大屠殺的消息震驚了美軍陣營，起初的反應是難以置信、感到恐懼，但一個月後美軍收復馬爾梅第地區，發現埋在雪下的屍體，情緒即轉為憤怒。一些仍凍結的屍體維持著雙手高舉在頭上的姿勢，依然表示著投降之意，一名看護兵也慘遭射殺，有顆子彈還射穿了他的紅十字臂章。[34] 馬爾梅第這座小城已然成為比利時鄉間的殺戮戰場，也成了戰爭罪行的代名詞。在一九四六年五月，也就是德國投降一年後，共有七十三人因犯下馬爾梅第大屠殺而受到審判。

這場軍事審判在納粹惡名昭彰的達浩集中營舉行，被告包括派佩爾及其武裝黨衛軍的其他成員。[35] 有三名生還的美國士兵出庭作證，而來自肯塔基州萊辛頓市（Lexington）的維吉爾・拉里（Virgil Lary）曾任美軍中尉，他做出了最震撼人心的控訴：[36]「在機關槍第一次掃射後，我四周倒滿了傷亡的士兵。掃射持續了約三分鐘……有一人走到我身旁，我聽到近處一聲手槍槍響，接著又聽到手槍裝填彈匣的聲音。」拉里停下來，用手指著一名被告，說道：「就是這個人對一名美軍戰俘開了兩槍。」二等兵喬治・弗雷普斯（George Fleps）在拉里指證他行凶時眼神閃爍了一下。[37]

弗雷普斯是低階裝甲兵，他認為自己是奉命行事。這當然不是藉口，然而只有更高階的軍官能確認整體的責任歸屬。黨衛軍中尉貝諾尼・容克（Benoni Junker）在呈庭的口供書中承認他命令坦克指揮官「用恐怖的手段處置戰俘」，並表示他受命「若情況許可」，不帶走戰俘。[38]四名士兵表示，在開戰前夕，他們親耳聽到派佩爾說：**「放膽直衝、毫不留情、不帶走任何戰俘。」**[39]但最令人髮指的證詞是派佩爾本身在庭上的自辯之詞。

派佩爾身穿沒有徽章的黃褐色束腰緊身軍裝（tunic），翹腳而坐，身旁有一位女性口譯員。檢察官盤問他時，他會轉頭把又尖又窄的鼻子對著這位口譯員，等她翻譯完再作答，不過他似乎在口譯員將英語譯成德語前就了解意思。[40]

派佩爾否認殺害美軍戰俘，但承認曾將上級下達的命令轉達給較低階的指揮官。上級要求作戰時「態度要強硬，對盟軍戰俘毫不留情，在必要且迫不得已的情況下，必須加以射殺」。[41]派佩爾並沒有在馬爾梅第射殺任何人，但這些明確的命令使他依然有罪，好比親手扣下扳機七十一次。派佩爾的指揮官，即黨衛軍將軍約瑟夫．迪特里希（Sepp Dietrich），提供了另一條線索。他指出就在即將開戰前，「元首指示我們行事要心狠手辣，毫不講仁慈」。[42]

希特勒當天下達的命令是在二星期前所簽署。像弗雷普斯這樣的低階士兵本就以服從上級為己任，但這道不祥的命令使他們更唯命是從：**「這場戰役將決定德國人的生死存亡。需要人人全力奉獻——士兵要有……無畏死亡的勇氣……指揮官要有無以撼動的權威。具備這些條件，可以讓我們力挽狂瀾。」**[43]眾士兵認為亞爾丁攻勢若告捷，不會有任何人受到懲罰，而一旦失敗，他們的罪行也將隨他們一起埋葬。一名年輕的黨衛軍步兵在一九四四年十二月十六日黎明前寫信給他的姐妹道：「我們發動攻勢，是為了將敵人逐出我們的家園。這是個神聖的任務。」[44]黨衛軍騎兵官菲利普．馮．博瑟拉格（Philipp von Boeselager）如此描述他的屬下：「他們幾乎視死如歸，但也殘忍殺戮。」[45]

一九四六年七月，美國軍事法庭判處馬爾梅第大屠殺的四十三名被告死刑，包括派佩爾在內。辯護律師提出上訴。至一九五一年，二審美國軍事法庭以技術性錯誤為由予以減刑；全體被告在一九五六年聖誕節前皆獲得釋放。[46]

派佩爾因馬爾梅第大屠殺案共入獄服刑十二年，亦即對於記錄在案的七十一起謀殺每起服約二個月的刑期。派佩爾出獄後在保時捷、福斯等汽車公司任職，負責訓練銷售人員。[47]

一九七二年，他移居至法國特拉沃鎮（Traves）。特拉沃是四周滿布農場的寂靜小鎮，距德國邊境約一百二十八公里。四年後，在一九七六年七月十四日法國慶祝巴士底日（Bastille Day，法國國慶日）時，派佩爾遭射殺身亡，他的房子也被燒成灰燼。翌日，一名男子代表名為「復仇者」（the Avengers）的組織打電話給巴黎一家報社，表示此案是其所為，並說道：「此舉是要警告所有藏匿在法國與德國的納粹分子。」[48]

無條件投降招致無條件反擊

希特勒的孤注一擲掀起了一場延續三十多年的毀滅風暴，而這場風暴本可避免。在發動反攻前，這位納粹頭子告訴他的親信：**「我們會不計一切代價持續奮戰，直到如腓特烈大帝（Frederick the Great，普魯士國王）所說，我們痛恨的敵人之一精疲力盡，直到我們爭取到和平，藉以確保德國在未來五十年或一百年長存久安。」**[49]希特勒透過談判達成和平的理想，與羅斯福總統無條件投降的要求兩相牴觸。「無條件投降」是美國政壇的流行語，引用自聯邦軍將軍尤利西斯・格蘭特（Ulysses S. Grant）在南北戰爭初期所下的命令。納粹宣傳部部長約瑟夫．戈培爾（Joseph Goebbels）在一九四三年一月初次聽到這句話語時，向一名同僚吐露道：「我應該永遠想不出如此挑起人心的口號……只要是德國人，無論情不情願，怎麼能不全力以赴，奮戰到底呢？」[50] **戈培爾為希特勒一九四四年這場不顧一切的反擊燃點更大的鬥志，說道：「德國人反擊只有百利而無一害。」**[51]

當時擔任歐洲盟軍最高統帥的艾森豪將軍同意戈培爾所言，艾森豪也在日後成為美國總統。他在一九四四年十一月曾發電報至設於華盛頓的英美參謀首長聯席會（Combined Chiefs of Staff），提醒「敵軍持續漠然抗戰」的部分原因是「納粹的宣傳手法使每個德國人都相信，無條件投降即是指澈底摧毀德國，消滅德國這個國家」。[52] **艾森豪了解到，凡是投降都有條件——格蘭特亦體認到此點，他在南北戰爭結束時，同意投降的聯盟軍士兵可保留其馬匹及隨身武器。**[53]

沒人想讓戈培爾或戈林等納粹戰犯逍遙法外，但羅斯福原本可以扭轉德國的抗戰動機，方式可包括展露談判意願（至少公開表態），更改交戰條件，甚或擴大史陶芬堡的謀叛計畫等。儘管事無定數，但若能在一九四四年進行和平談判，應可避免希特勒的最後反擊，以及他徒勞無功的一搏所帶來的致命後果，包括戰時美軍在歐洲所遭遇的最殘暴惡行。

Part 4

有所顧忌，改變行動

第 9 章

仇家 vs 愛家：無法出獄造成的監獄暴力

德懷特懲教中心（Dwight Correctional Center）的受刑人蘿拉・鮑爾斯（Laura Bowers）回憶道：「當法官宣判『無期徒刑』時，真的有如被判死刑，因為我知道我會老死在監獄裡。」德懷特懲教中心是設於伊利諾伊州德懷特鎮（Dwight）的第一級成年女性高度設防監獄（maximum security prison），在芝加哥西南方約一百一十公里處。[1]

梅肯郡（Macon County）巡迴上訴法院首席法官羅德尼・史考特（Rodney Scott）判處二十二歲的蘿拉・鮑爾斯無期徒刑且不得假釋，是因為蘿拉殺害她的丈夫大衛・鮑爾斯（David Bowers），大衛是一名環境保護州警。蘿拉在一九九〇年七月認罪，承認夥同她的情夫班・麥卡迪（Ben McCreadie）謀害大衛。他們是在輔助式居住設施（assisted-living facility）擔任護理師助理時結識的，兩人為了能夠結婚而密謀犯案。一九九〇年三月二十五日星期日，麥卡迪在同居人的協助下，用一根鉛管重擊大衛後，拿吹風機電線將他勒住，再用刀子割破他的喉嚨。麥卡迪同樣遭判無期徒刑且不得假釋。

犯案地點位在蘿拉與大衛居住的公寓。雖然蘿拉沒有實際一起襲擊大衛，但她在當天已提早將丈夫的槍偷偷拿出公寓。史考特法官表示：「我們不能認定她完全無罪。」[2] 一位州助理律師也說明道：「考量犯案手法之殘忍、冷血，以及這場殘暴的謀殺如何經過精心策劃，我認為判處無期徒刑且不得假釋，沒有人會有非議。」

最大量刑原則使得美國監獄人滿為患，出現超收情形。懲教人員認為長期服刑的受刑人就像是一個個火藥桶，尤其是蘿拉．鮑爾斯和麥卡迪這樣的無期徒刑且不得假釋犯。

三十一歲的安東尼奧．華盛頓（D'Antonio Washington）是亞特蘭大市美國聯邦監獄的獄警，在一九九四年十二月二十二日星期四遭一名受刑人用榔頭擊打致死。肯特．亞歷山大（Kent B. Alexander）是美國喬治亞州檢察官，負責起訴被控殺害華盛頓警官的受刑人。**他表示：「在美國，監獄暴力增加早已是司空見慣之事。在這個體制下還有更凶暴的罪犯。他們服的刑期更長，也因此認為可以無所顧忌。」**[3]

這些囚犯證明了絕望的力量有多強大。蘭開思特市（Lancaster）加州州立監獄的高度設防區，有上千名受刑人拒絕走出牢房工作、進行休閒活動或用餐以抗議新規定。這項規定禁止因謀殺、虐待配偶、性犯罪而服刑的受刑人家人探監留宿。[4]一九六八年，在嚴厲打擊犯罪的加州州長雷根任內，加州監獄開始允許配偶親密接見（conjugal visit），藉以減少囚犯間的同性性侵事件。全美只有七個州實施親密接見制度。羅伯特．派克（Robert Parker）是四十五歲的受刑人，因綁架及搶劫而入獄服刑。他表示幾乎可以肯定的是，禁止親密接見會促使監獄圍牆內的緊張氣氛升溫：「受刑人有什麼理由要照做？」瑪莎．萊利（Martha Riley）四十八歲的丈夫因謀殺被判入獄三十六年。過去十一年來，萊利大約每四個月會和丈夫行房一次，她也針對同一點說明道：「新規定只會催生出一群更加絕望的囚犯。」

儘管加州監獄的罷工罷食抗議在四天後結束，當局也將舉辦公聽會審查禁止親密接見的提案，但性相關暴力在全美各地的監獄層出不窮。德州利文斯頓市（Livingston）附近的泰瑞爾監獄（Terrell Unit）是高度設防監獄，亦是該州最嚴厲凶險的監獄之一。二十三歲的蘭迪・斐恩（Randy Payne）因闖空門盜竊及猥褻露體罪被判處十五年的刑期，身為重罪犯的他在得知即將移監到泰瑞爾監獄時，寫信給他的母親道：「你要是活著出去而沒被捅過一刀，算是僥倖。要是活著出去而且牙齒都健在，那就是強人了。」

一九九五年八月五日星期六，在斐恩移監一天後，他的憂懼化成了一場噩夢。之後的調查報告指出：「斐恩在淋浴時，遭到一幫囚犯要求性交。他拒絕後，至少有二十名囚犯攻擊他，施暴時間長達二小時以上。這群囚犯在斐恩牢房區的至少五個地點，以拳頭和捆在襪子裡的掛鎖不斷重擊斐恩，然後用鋼頭鞋踢他——襲擊地點都在離獄警不到二十公尺處。這場野蠻的暴行停止後，斐恩因頭部嚴重受創而昏迷不醒，一星期後在休士頓市一家醫院去世。」[5]

獨立監控組織「人權觀察」（Human Rights Watch）二〇〇一年發表的美國監獄男性受性侵報告指出，斐恩遭施暴身亡是就其所知「最悲慘、最殘暴的案例之一」，但也評斷「公然施暴性侵只是監獄裡最醒目突出的性虐待形式」。[6] 在大部分的案例中，「弱勢」的囚犯成了

「持續性剝削的對象，加害者除了最初的犯罪者，也包括……其他的同獄犯人」。[7] 德州一位化名為「J. D.」的囚犯告訴調查人員，在他受到獄友強行性侵後，「從那天開始，我就被貼上同性戀的標籤，在獄友間不斷被轉賣。」[8]

全美各地的囚犯都證實有「性奴隸」的惡習存在。不過人權觀察指出，「德州的情況最為嚴重」。[9] 安迪．科林斯（Andy Collins）是德州監獄主管機關的主管，他表示目前的情況突顯出一股更廣大且令人憂心的趨勢：**「目前有一群更龐大的受刑人，他們的作風更加強橫凶暴，扮演著掠食者的角色——我們必須將這些人單獨隔離，不與其他犯人接觸。他們認為自己所向無敵，而且因暴力犯罪面臨了漫長的刑期，自是無所顧忌。無論在現在或未來，他們的人數都會不斷增加，持續造成更大的問題。」**[10]

面臨終身監禁的受刑人預期自己會老死在獄中，就算行為良好，也沒什麼好處可言。監獄機構主管如科林斯等，以及州檢查官如喬治亞州的亞歷山大等，認為「無期徒刑犯」是因此而特別凶暴，並引述有如恐怖片般的駭人傳聞來支持此種看法。

儘管有些無期徒刑犯的確行為凶殘，但更全面的紀錄顯示實情和他們所言相悖。傳聞證據（anecdotal evidence）* 雖然屢上頭條，但下文所討論的客觀數據顯示，無期徒刑且不得假釋犯

* 法律用語，由傳聞而得之證據，與原始證據相對。

倒比較像是地方商會會員，而非「殺人公司」（Murder Incorporated）*的成員。而針對良好行為給予獎賞，可以對大多數無期徒刑犯發揮效用，這個出乎意料的結果證明了給予獎勵可以有效消滅不當行為。

最大的刑罰竟令囚犯更加猖狂

自一九八〇年以來，儘管犯罪率下滑，美國監獄人數仍成長了將近五倍之多，目前的監禁率居世界之冠。[11] 在美國，每十萬人就有六百五十五人受到監禁，相較之下，俄羅斯每十萬人只有三百五十五人受到監禁，暗示著美國更像是西班牙宗教裁判所（Spanish Inquisition）時期的中世紀西班牙，而非其昔日冷戰時期的敵手。

毒品相關刑罰是美國監獄人數成長的主因，另外，一九九〇年代嚴打犯罪浪潮興起，實施更多最大量刑準則也有推波助瀾的影響。在二〇一六年，聯邦和州監獄收容的無期徒刑犯，總計超過十六萬人，占監獄人數約一〇%。這些受刑人中有三分之一，即五萬三千人，沒有假釋的可能性，因此恐成為最窮凶惡極的囚犯。無期徒刑犯施暴案件不時登上頭版新聞，影響了大眾對這些犯人的觀感，也促使部分人士引用殺人魔的行為，例如理查．康納（Richard Conner）、寇瑞．福克斯（Corey Fox），以及最惡名昭彰的湯瑪斯．西維斯坦（Thomas Silverstein）等人的暴行，以偏概全評斷其他犯人。

二〇〇九年，出生於芝加哥的康納年方三十八歲，正在伊利諾伊州坦姆斯市（Tamms）的坦姆斯懲教中心（Tamms Correctional Center）服無期徒刑。這座懲教中心是超高度設防監獄，在二〇一三年關閉之前，一直收容該州最凶惡的罪犯。[12] 康納在一九九一年闖入一間珠寶店行搶並殺死一名店員，得手二百美元，因而被定罪。當時康納走進珠寶店，表示要買一只手錶，接著便掏出手槍向店員大喊：「我要殺了你！」康納也真的朝店員的胸部開槍將他殺害。

康納原本在庫克郡監獄（Cook County Jail）服刑，二〇〇六年八月因攻擊一名監獄人員受到懲處，而被移送到超高度設防的坦姆斯懲教中心。在該中心服刑期間，他自殺未遂，因此移監到鄰近喬立伊特市（Joliet）的高度設防斯泰特維爾懲教中心（Stateville Correctional Center）接受治療。他被安置在一間約是大型衣帽間大小的牢房，同牢室友是三十七歲的輕罪犯詹姆森．利澤（Jameson Leezer），他因偷車而服刑五年，刑期即將屆滿。兩星期後，在二〇〇九

* 為犯罪集團名稱，該組織活躍於一九三〇年代。

年四月二日星期四，康納從牢房露臉並宣告：「我勒死了我的牢友。」

利澤遭康納殺害不算是意料之外，尤其兩人先前曾要求分開關押，而且康納曾告訴監獄一位工作人員他想殺了他的牢友。利澤的家人提出控告，最後與獄方私下達成和解。康納則是遭判第二個無期徒刑，而助理州檢查官史蒂夫・普拉特克（Steve Platek）在康納被判刑後表示：「利澤竟然會和這傢伙關在同一個牢房，簡直太匪夷所思了。」

斯泰特維爾懲教中心的獄官沒能記取五年前梅納德懲教中心（Menard Correctional Center）所犯的相同致命錯誤。梅納德懲教中心位在伊利諾伊州切斯特市（Chester）南方約四百八十公里處，收容許多連續殺人犯，包括安德烈・克勞佛（Andre Crawford）、米爾頓・強森（Milton Johnson），以及聲名狼藉的約翰・韋恩・蓋西（John Wayne Gacy），蓋西在一九七〇年代殺害三十三名男孩及年輕男性。

三十四歲留著山羊鬍的寇瑞・福克斯同在梅納德服刑，他因為在住家闖空門失手而殺人，遭判處無期徒刑。與這些連續殺人犯相比，福克斯不過像是學校裡的不良少年罷了。[13]在獄中，只有極少數人能有個人的牢房。但福克斯想要獨處一室，並告訴一位監獄社工「〔我〕有股衝動想把我的牢友殺掉分屍」。福克斯在二〇〇二年差一點就說到做到。他用拳頭狂揍他的室友，直到成功得到一間單人牢房。

福克斯隔年經重新評估後，與約書亞・戴哲維茲（Joshua Daczewitz）關在同一間牢房。戴哲維茲是年紀較輕的囚犯，身材矮胖，戴著眼鏡，因縱火而被判七年徒刑。福克斯再次拒絕和他人同關一室，之後並說他已經放話給一位懲教人員，威脅要「滅了」戴哲維茲。在二〇〇四年二月二十八日星期六，就在戴哲維茲預定出獄的兩個星期前，福克斯用編成辮子的床單勒住他的脖子，然後再用雙手把他掐死。

福克斯事後說明他犯案的原因：「在同一個空間和另一人關在一起，必須硬生生忍受這個人在你眼前，還有他的生活習慣或對你耍的心思，就像穿著一件用釘子和炸藥做成的束腹。」[14] 儘管福克斯如此比喻他的感受，他還是被判處第二個無期徒刑。在後續的訴訟中，法院允許伊利諾伊州向戴哲維茲的家人支付十五萬美元的和解金，但駁回對伊利諾伊州懲教署（Illinois Department of Corrections）及梅納德懲教中心有過失責任的控告。

當時梅納德懲教中心的典獄長尤金・麥道里（Eugene McAdory Jr.）承認判斷有失妥當：**「梅納德六〇％的受刑人『永遠不可能』（ain't never）出獄。戴哲維茲不應該被收容在這裡。」**[15] 麥道里在命案發生後幾個月遭到免職，或許是因為話沒說好，不過麥道里的語氣意味著無期徒刑犯應受到隔離，才能保護其他囚犯。

湯瑪斯・西維斯坦是無期徒刑犯施暴的典型人物。他在一九八三年三十一歲時受到單獨囚禁，直到二〇一九年死去時都關押在單獨牢房內。雖然他死去時，面容像是個留著大鬍鬚的老爺爺，但卻曾是全美公認最凶惡的囚犯。[16] 西維斯坦在加州的長灘市（Long Beach）長大，住在中產階級社區。鄰里的其他小孩誤以為他是猶太人，所以會欺負他，西維斯坦首次犯案是在一九七一年，當時他犯下一般的持械搶劫案，因此在加州的聖昆丁州立監獄（San Quentin State Prison）服刑四年。他之後獲得假釋，但在一九七七年犯下同樣的罪行，再次受到逮捕。西維斯坦的下一站是堪薩斯州萊文沃斯市（Leavenworth）的美國聯邦監獄。他在獄中與雅利安兄弟會（Aryan Brotherhood）的成員一起販毒，並殺害一名拒絕幫忙將海洛因挾帶進獄內的犯人。西維斯坦遭判處無期徒刑且不得假釋，並在一九八〇年移監到伊利諾伊州馬里昂市（Marion）的高度設防美國聯邦監獄，該監獄有新惡魔島（New Alcatraz）之稱，而這對他來說是個最適合繼續殺戮的好地方。

馬里昂的這座監獄在一九六三年開始運作，用來取代著名的巨岩（Rock，惡魔島〔Alcatraz〕）的別稱）監獄。巨岩監獄建於舊金山灣內的一座小島，先前關閉後變成了觀光景點，由美國國家公園管理局（National Park Service）管理。不久後，馬里昂所收容的凶惡罪犯數便超越了惡名遠揚的巨岩監獄。留著平頭的典獄長哈羅德．米勒（Harold Miller）最早曾擔任惡魔島的獄警，西維斯坦移監到馬里昂監獄時，他正好在此任職。**米勒表示：「法官判處罪**

犯入獄是為了保護社會大眾。典獄長把囚犯送到馬里昂……則是為了保護其他的囚犯。」[17] 一位四十五歲，拿著一條綠色印花大手帕的受刑人也確認：「這裡大多數的囚犯都出去無望……人人心煩意亂，多疑不安……社會用這個地方製造出一隻龐然巨怪。」[18]

在一九六〇年代與一九七〇年代，監獄充斥著種族問題所引起的騷亂，有如美國社會的縮影，在西維斯坦移監到馬里昂後，此處的種族騷亂很快便達到了爆發點。一九八一年十一月二十二日星期日爆發了幫派衝突，白人至上主義幫派雅利安兄弟會與名為華盛頓黑人（D.C. Blacks）的非裔美國人幫派展開拚鬥，起因是當天西維斯坦據傳勒死了華盛頓黑人的成員羅博特・查普爾（Robert M. Chappelle）。[19] 雖然西維斯坦否認犯行，但查普爾的好友雷蒙德・「凱迪拉克」・史密斯（Raymond “Cadillac” Smith）仍打算為他報仇，不過還沒有機會動手就遭到殺害。外號「凱迪拉克」的史密斯是華盛頓黑人的頭目之一。

一九八二年九月二十七日星期一，西維斯坦和另一名受刑人趁凱迪拉克淋浴時，捅了他六十七刀，然後大肆展示他們的傑作——或許是為了嚇阻日後想要襲擊他們的人——他們抬著凱迪拉克的屍體，在狹窄的走廊上招搖地走來走去。西維斯坦之後受到單獨囚禁，被帶出牢房時必定戴上鏈銬，而且隨時有人監視。儘管如此，他仍成功上演了最後一幕血腥大戲，因此獲封為「美國最凶殘的囚犯」。

一九八三年十月二十二日上午十點，洗完澡要回牢房的西維斯坦戴著鏈銬，在走廊上拖著腳步行走，身旁有三名獄警押送。[20]他中途停在另一間牢房前，面朝一位受刑人假裝交談，然後轉身拿出一把用床架做成的刀子，長度大約有四十八公分長。西維斯坦接著便把懲教人員梅爾・克魯茲（Merle Clutts）壓到牆上，連捅他四十刀才受到其他獄警制止。克魯茲當時五十一歲，已經當了祖父，預定再過不到一年就要退休。西維斯坦因殺害克魯茲遭判另一個無期徒刑，但他在辯詞中聲稱克魯茲曾多方捉弄他。他平常喜歡藝術創作，克魯茲卻弄髒他的畫。

美國聯邦監獄管理局（Federal Bureau of Prisons）局長諾曼・卡爾森（Norman Carlson）用老生常談的樣子說明克魯茲遇害及馬里昂監獄其他謀殺事件發生的背景因素：**「這些受刑人已經在美國最高度設防監獄的紀律區服無期徒刑。他們知道聯邦監獄系統不能再對他們有任何其他處置，所以可以無所顧忌。」**[21]

轉念思考，行動就會跟著轉變

西維斯坦、福克斯、康納等無期徒刑犯的群像顯現的是凶暴的形象，但這些惡犯之所以登上版面，是因為恐怖的報導能讓報紙大賣，而不是因為這些人反映出監獄整體的真實狀況。

如進一步探究，可以發現無期徒刑犯其實有更多樣的面貌。一九九一年十月，二十歲的詹姆斯．普魯奇（James Paluch Jr.）遭判處無期徒刑且不得假釋，罪名是在費城街角無故狙擊殺害一名五十九歲下班後等搭公車回家的女性。普魯奇並不認識她。[22] 他在自家公寓三樓窗口拿步槍對準目標，然後扣下扳機，射穿了這名女性的心臟。

普魯奇已在賓州五所不同的監獄服刑，他認為終身監禁的受刑人通常都可以成為模範囚犯：**「雖然很少會聽到有無期徒刑犯說監獄就是他的家，但我們都有共識，由於我們服的是無限的刑期，這個機構事實上就是我們的『家』。有什麼問題發生……會挺身出來反映的就是無期徒刑犯……簡單來說，在監獄管理上，無期徒刑犯是背後的穩定力量。」**[23]

曾在亨丁頓市（Huntingdon）州懲教所擔任賓州無期徒刑犯協會（Pennsylvania Lifer's Association）會長的普魯奇也說道：「我當然不會說賓州每一位無期徒刑犯都是模範受刑人，但我們大部分的確都是其他受刑人可以好好學習的榜樣。」

雖然普魯奇的論點可能有出於私心之嫌，但有許多懲教人員贊同他的說法。麥克．麥唐納（Michael McDonald）司務員是加州新月市（Crescent City）超高度設防鵜鶘灣州立監獄（Pelican Bay State Prison）的官員。他表示，不同於刑期不到十年的短刑期犯，無期徒刑且不得假釋的受刑人通常會明哲保身。**據他觀察：「人要是看得到希望的曙光，有時會變得狂妄自大。無期徒刑犯會稍微更認真看待服刑這件事。畢竟幾年後，這個地方就會越來越有家的味道了。」**[24]韋恩・艾思德（Wayne Estelle）曾是聖路易斯奧比斯波市（San Louis Obispo）加州男子監獄（California Men's Colony）的典獄長，負責監管一千一百名受刑人。他表示無期徒刑犯「體悟到他們會在這裡待上一段時間，而且想要在舒服自在的環境下過日子」。[25]

加州溫和的氣候不是無期徒刑犯安分守己的主因。比爾・斯萊克（Bill Slack）在堪薩斯州萊文沃斯市的監獄工作，慈祥和善的特質使他成為最稱職的司務員。他了解為何鋃鐺入獄的殺人犯可能會避免捲入衝突：「箇中關鍵在於，我們每天來這裡上班，把工作做好，然後回家，但這些受刑人卻是一天二十四小時都待在這裡，這裡就是他們的家，他們的一切。」[26]

無期徒刑犯福克斯在伊利諾伊州的梅納德懲教中心殺害同房牢友，而湯姆・佩吉（Tom Page）是這座監獄的典獄長，他喜歡已經調適好的長刑期犯。他解釋道：「這些犯人變得成熟穩重後，最終會意識到，他們未來會在這裡度過漫長的歲月，隨遇而安才是上策。」[27]

梅納德懲教中心設有交流熱絡的無期徒刑犯協會，八十五位成員每個月聚會一次，像戒酒無名會（Alcoholics Anonymous）一樣開會，共同討論沮喪、孤立、絕望等感受。為了活出生命的意義，他們也發起各種計畫，例如在監獄內販賣零食、衣服，藉以資助附近的一間青年活動中心。

五十六歲的喬・科爾曼（Joe Coleman）曾擔任梅納德無期徒刑犯協會會長。他說明道：「你逃避不了日復一日醒來是在監獄，入睡也是在監獄的這個事實。現實就是如此，而你必須接受現實。不過我們試圖透過這個團體來培養自我價值感和自信。我們想告訴進來這裡的年輕人，人生看起來再怎麼黯淡無光，希望都永遠存在。」[28]

無期徒刑犯可以期望過上更好的生活。最凶暴的無期徒刑犯必須如馬里昂監獄的西維斯坦般受到單獨囚禁，忍受孤立的痛苦，但其他人可以參加循規蹈矩者才能獨享的活動，像安哥拉鎮（Angola）路易斯安那州立監獄（Louisiana State Penitentiary）的受刑人一樣，在牛仔競技秀中表演。伯爾・凱恩（Burl Cain）於一九九五年至二〇一六年間，在這所路易斯安那州最大的高度設防監獄擔任典獄長。監獄中的受刑人有九成會一直服刑到老死。凱恩為囚犯們舉辦了牛仔競技大會，讓他們能大秀神技。新聞如此報導：「這些社會中的害群之馬有許多人擁有第二種身分，包括藝術家、報紙編輯、鄉村歌手等，更有人一年五次在監獄牛仔競技秀和藝術工藝展中大出風頭。囚犯爭取到參與這些活動的權利後，可以馴服野馬、騎坐在公牛背上，還能與滿場欣喜的訪客交流談天。」[29]該監獄的無期徒刑犯連恩・尼爾森（Lane Nelson）表示：「典獄長為囚犯找到了生活的目標，讓他們投入其中，這正是囚犯所需要的。」

湯瑪斯（Thomas）是一名只願意透露名字的已定罪殺人犯，他遭判處無期徒刑且不得假釋，並在美國東岸某一間監獄已服刑二十年。湯瑪斯用中產階級的口吻解釋行為良好的重要性：「有人被判無期徒刑後……會進來這裡，而他們想要爭取到最好的待遇。他們想參加懇親會（honor visit）*，隨時都能和家人通電話，住在有空調的舒適牢房，所以會遵守規矩，求取最佳表現。」[30]

為所欲為非常態而是偏態

哪一種無期徒刑犯的行為取向才是真實的寫照：肆意施暴或是模範公民？傳聞證據如專家所言有選樣偏差（selection bias）的問題，也就是僅選擇小量適合講述軼聞的樣本。例如紐約洋基隊（New York Yankees）的投手唐·拉森（Don Larsen）在一九五六年世界大賽（World Series）投出完全比賽，成為棒球史上的傳奇名投，傳聞便引用這場比賽的表現，以偏概全來評斷他。儘管拉森的成就——投出棒球史上唯一一場季後完全比賽——仍舊是無人可及的紀錄，但他在美國職棒大聯盟十四年的生涯中，只是個表現平平的投手，繳出八十一勝，九十一敗的成績。他面對布魯克林道奇隊（Brooklyn Dodgers）時所投出的經典勝仗，使他成為傳奇人物，但沒能讓他進入美國國家棒球名人堂。基於類似的原因，無期徒刑犯個人凶殘或良好的行為表現，雖然值得關注，但只是一幅精美鑲嵌畫中的小碎片。要從大量受刑人行為樣本擷取出的監獄違紀行為資料，才能描繪出更完整的面貌。

《犯罪的公理與行為問題》（*Criminal Justice and Behavior*）期刊上，發表了一項根據佛羅里達州懲教署（Florida Department of Corrections）轄下監獄九千多名受刑人違規行為紀錄所進行的研究。[31]這項研究受益於大數據，採用的樣本包括一千八百九十七名判處無期徒刑且不得假釋的受刑人，以及七千一百四十七名刑期十年至三十年的受刑人，這些樣本可供進行正式測試，分析無期徒刑犯的違紀頻率是否高於短刑期犯。分析結果顯示，「刑期不到二十年的受刑人參與監獄暴力事件的頻率最高」，而「無期徒刑且不得假釋犯的參與頻率與其他監禁等級相同的長刑期犯相仿」。[32]

在先前發表於《刑事司法期刊》（*Journal of Criminal Justice*）的一項研究中，訪談了超過五十九名的囚犯，並從中得出結論：**「短刑期犯……將受刑人與懲教人員之間的任何互動都視**

---

* 特准符合資格的受刑人在戶外野餐區與家人野餐聚會。

為一種對峙行為，〔而〕……長刑期犯已學會避開可能較『敏感』的情境。」[33]

《監獄期刊》（*Prison Journal*）也刊登了對猶他州立監獄（Utah State Prison）懲教人員的訪談，從中亦得出類似的觀察結果：「〔無期徒刑犯〕調適能力可能較強……他們學會了如何適應監獄體制，分配到最好的工作，知道如何爭取想要的待遇。他們服刑的時間越久，適應監獄體制的能力就越強。」[34]

賓州受刑人普魯奇與其他長刑期犯開會討論監獄緊張情勢升高的問題時，籲請同是無期徒刑犯的哥兒們協助維護獄內的和平：「這群年輕人進來這裡後，根本目中無人，自以為是……我們應該挺身而出，和這些小夥子談一談，比照前人教導我們的方式來教導他們。」[35]

加州索萊達市（Soledad）懲教訓練所（Correctional Training Facility）的無期徒刑犯呼應普魯奇的訴求，提出更具體的輔導計畫。已入監服刑第二十四年的無期徒刑犯肯納瑞・哈里斯（Kennaray Harris）在監獄發起了一項名為「生命週期」（Life-C.Y.C.L.E.，全名 Careless Youth Corrected by Lifers' Experience）*的計畫。[36] 哈里斯和其他無期徒刑犯會舉辦各種活動，幫助索萊達市的短刑期犯準備應對出獄後的生活。他表示計畫截至目前很成功，已經有約一百人參與。他們每星期聚會一次，已持續了二十五星期的時間：「**我們大大小小的事情都經歷過，凡事都有人有經驗可以分享。我們的目的是讓即將出獄的受刑人用不同的眼光看待這個世**

界，以及自身在這個世界的定位。我們希望這些人能成功找到自己的一片天空。」

獎勵機制能改善無所顧忌的行動

就像所有其他地方一樣，無所顧忌會助長監獄內肆意魯莽的行為，然而這樣的心態會導致短刑期犯最常惹事生非。他們的短見削弱了懲處的效果，所以敢違紀生事。反之，對無期徒刑犯來說，處罰沒有終了期限，所以會安分守己。監獄當局為了進一步鼓勵守紀行為，更給予各項特權以資獎勵，讓長刑期犯想訴諸暴力時有所顧忌。

高度設防監獄內行為良好的無期徒刑犯，通常會成為榮譽（trustee）受刑人，只受到極少的監管。例如，在路易斯安那州，有十幾名無期徒刑犯在巴頓魯治市（Baton Rouge）的州長官邸擔任服務生、管家、廚師及其他工作人員。[37]而在安哥拉監獄，囚犯們依典獄長凱恩指示，在公共用地上建造了一座九洞高爾夫球場，由榮譽受刑人負責割草，保持球道的暢通。四

＊該計畫原文名稱與計畫意旨相同，即藉由無期徒刑犯的經驗談，輔導輕率的年輕受刑人成熟處事。

十八歲的法雷迪．葛里芬（Frederick Griffin）是榮譽受刑人，因二級謀殺而遭判處無期徒刑。他會在早上四點半起床去開割草機，聞剛割完草的味道，然後看球員打球。葛里芬並不喜歡高爾夫，他說道：「我總是覺得速度太慢了。我喜歡的是籃球。」不過葛里芬還是繼續做著這份工作：「這份工作讓我覺得自己好像是個自由人。」[38]

四十七歲的無期徒刑犯理查．米克森（Richard Mikkelson）和葛里芬一樣，因為行為良好而成為榮譽受刑人，並參與了興建球場的工作。這座球場因為可以望見監獄的景觀，所以命名為監獄景觀（Prison View）高爾夫球場。他非常自豪：「我不知道外面的人是怎麼蓋高爾夫球場。不過我們是用鏟子、耙子和鋤頭蓋出來的。」[39]米克森在建造過程中對高爾夫球有了一些了解。「標準桿數是由球道的障礙和長度決定。」但他真正的心得是來自看球員打球。米克森說道：「高爾夫球場是與人交際的地方。」他更表示，如果有離開安哥拉監獄的一天，他知道要去哪裡打好人際關係：「非去不可的兩大地點就是高爾夫球場和教堂。」

無期徒刑犯嘴上可能不會說監獄是他們的「家」，但大多數其實都把監獄當家來看待。估算下來，因為想娶大衛．鮑爾斯的太太而殘忍殺害鮑爾斯警官的麥卡迪，在遭判處無期徒刑且不得假釋後，已經在喬立伊特懲教中心（Joliet Correctional Center）服刑十二年之久。喬立伊特懲教中心高度設防區在二〇〇二年關閉時，麥卡迪和其他受刑人一起收拾行李準備移監，但他卻緬懷起這個地方，像個流離失所的孤兒：[40]「在某種程度上，你是在向自己的一部分道別，在這裡做過的事多不勝數，有許許多多的回憶。」在喬立伊特服刑期間，麥卡迪成了獄內的園丁，在戶外走道的兩旁種滿了百合花、牽牛花以及鳶尾花。麥卡迪吃了多年的監獄伙食，身形消瘦不少，下巴也留了散亂的鬍子，他說：「以前大家都叫我種花的。」

雖然並不是所有的無期徒刑犯都能像麥卡迪一樣洗心革面，處事變得審慎有度，並以自己的園藝作品為豪，但資料顯示，他的形象比西維斯坦等惡犯更符合監獄違規行為紀錄所分析出的結果。**許多因素有助於讓鐵石心腸的罪犯轉變成有責任感的監獄公民，但這一切的前提是，讓他們心中有所顧忌**。下一章將檢視相同的策略是否能遏止自殺炸彈客的攻擊。

第 10 章

天堂 vs 人間：抱著必死決心的恐怖攻擊

義大利新法西斯主義恐怖分子馬里奧・圖堤（Mario Tuti）因在一九七〇年代中期殺害兩名警察，並進行瘋狂炸彈攻擊，而連續被判無期徒刑。一九八七年八月二十五日星期二，圖堤在厄爾巴島（Elba）的藍港（Porto Azzurro）監獄發動一場叛亂。厄爾巴島正是著名的拿破崙（Napoleon Bonaparte）流放之地。

圖堤連同其他五名受刑人在獄內的醫務室挾持了二十二名人質，包括典獄長、兩名心理學家、一名女社工、十八名警衛。當時四十歲的圖堤持有刀槍和炸藥，他揚言要殺害所有人質，除非當局能提供一輛防彈車和一架直升機供其脫逃。圖堤甚至在獄中也曾犯下暴行，他曾在幾年前謀殺了一名他認為是「叛徒」的獄友。[1] 圖堤告誡警方：「你們要是闖進來，我們就炸掉所有人質。」他接著打電話給義大利的媒體證明他所言非假：「我們都被判了無期徒刑。我們完全可以放手一搏。」

圖堤看起來並不像恐怖分子。他戴著大大的黑框眼鏡，就像是一位教授，而且留著像美國喜劇演員格魯喬・馬克思（Groucho Marx）那樣濃密的黑色小鬍子。他曾就讀於佛羅倫斯的建築學院（the Faculty of Architecture），之後在恩波利市（Empoli）的市政單位工作。不過他在一九七四年為推動法西斯革命所進行的一連串無差別炸彈攻擊，讓當局不敢掉以輕心。超過二千名義大利警力包圍了監獄醫務室，其中包括降落傘隊及五十名內政部「Leatherheads」反恐小組的成員。教宗若望保祿二世（Pope John Paul II）對著六千名在場聆聽的朝聖者說道：「我向上帝祈禱，願那些手上握有如此多人命運的人士能受到祂的感化。」

藍港市長莫里齊奧・帕皮（Maurizio Papi）也擔任獄醫的工作，他很了解那些受刑人，認為他們會處決人質。帕皮力勸警方答應囚犯提供直升機的要求，「好讓這場叛亂能和平收場」。其實帕皮不用這麼擔心。在九月二日那天，也就是人質遭劫持八天後，這六位判刑定讞的謀殺犯透過一位國際特赦組織（Amnesty International）派出的代表周旋，結束了這場叛亂。在監獄外等待的人質親屬無不喜極而泣，藍港市的教堂也響起鐘聲，慶祝事件的落幕。

這場暴動的主謀圖堤原本威脅要殺害所有人質，但如今卻轉而請求諒解：**「我們並未使用暴力……但我們前途無望，只好想辦法越獄。」**雖然圖堤是個謀殺犯，也是經判刑定讞的恐怖分子，但他不是自殺炸彈客。**他和同謀的獄友想要活下來，所以才選擇投降**。不過自殺恐怖分子會反其道而行。他們的目的是和攻擊目標同歸於盡，這也是伊斯蘭激進團體蓋達組織（Al Qaeda）十九名成員能成功在二〇〇一年九月十一日星期二造成近三千人死亡的緣故。

恐怖分子的源起

自殺炸彈客令人畏懼，這是因為他們的攻擊力強大無比。九一一襲擊事件的罹難人數超過任何在美國領土發生的外國勢力攻擊事件，刷新日本在一九四一年十二月七日星期日轟炸珍珠港造成二千四百零三人死亡的紀錄。這兩起攻擊事件都永久改寫了美國的歷史。

珍珠港事件促使美國參與第二次世界大戰，對抗法西斯主義；而九一一事件促使美國對恐攻宣戰，對抗狂熱主義。但兩者有重大的不同之處。第二次世界大戰以日德兩國戰敗告終，但對恐攻的抗戰仍在持續，因為自殺炸彈客是「有去無回」的。我們不能在戰場上擊敗恐怖分子，因為他們不活動時，會潛藏在平民之中。恐怖分子也會肆意散播恐懼，展開殺戮，因此造成我們無法安心度日，不得不採取前所未有的防範措施。

現在旅客搭機時，必須忍受以往只對前往美國陸軍基地諾克斯堡（Fort Knox）的旅客實施的安檢程序，以及有如體檢般的搜身檢查。美國國會在二〇〇二年成立美國國土安全部（U.S. Department of Homeland Security），監管所有國內的緊急情況處理事宜，尤其是恐怖分子的威脅。該部並發放資金徵召地方警局支援，以提升公共安全。警員如今配有具夜視功能的高功率武器（high-powered weapon）、防毒衣、先進通訊裝置，而這些裝備過去只有如美國海豹部隊

（Navy SEAL）等菁英作戰部隊才能使用。這一切都是為了對抗恐怖分子的威脅而採取的強化安全措施。以往美國人認為恐怖分子的威脅僅限於歐洲、非洲、亞洲地區，但二〇〇一年九月十一日改變了這樣的思維。

有些人擔心讓地方警隊變得有如特種部隊太過誇張，弊大於利，但這樣的想法並未考慮到有跡象顯示，在九一一事件後，攻擊事件在美國造成更慘重的傷亡。在九一一事件發生後的十八年間，在美國發生的大規模槍擊案（定義為單一槍手在公共場所殺害至少四人）造成六百零一人喪命，是先前十八年間喪命人數二百五十七人的兩倍以上。[2]將這兩個時期的槍擊案數加以比較，也顯示出同樣悲慘的景象。

一九九九年四月二十日，科羅拉多州的科倫拜高中（Columbine High School）發生引起世人高度關注的屠殺案，兩名全副武裝的學生闖入校舍，殺害十二位同學、一位教師，造成其他二十幾人受傷。這是九一一事件之前發生的三十二起大規模槍擊案之一。美國史上死傷最慘重的大規模槍擊案，是二〇一七年十月一日發生的拉斯維加斯大道（Las Vegas Strip）大屠殺，當時一名槍手獨自從位在三十二樓的賭場飯店窗戶朝下方開火，造成六十人死亡，而這是九一一事件後發生的六十一起大規模槍擊案之一。[3]**在美國土生土長的槍手不見得一定想自殺，但證據顯示，他們可能因為二〇〇一年九月十一日發生的事件受到鼓動而模仿犯案。**摧毀世貿中心和攻擊國防部五角大廈並非首次發生的自殺炸彈攻擊事件，但由於其震驚世人，使得想要尋求關注的大規模槍擊案犯受到激勵。

一九八三年十月二十三日，黎巴嫩貝魯特市（Beirut）發生汽車炸彈攻擊美國海軍陸戰隊軍營事件，造成二百四十一名美國官兵喪生，是近代自殺恐怖分子攻擊的濫觴。[4]而在同一天，一名自殺炸彈客也開著卡車闖進貝魯特市離美國軍營只有約三公里的一棟大樓，炸死了大樓內的五十八名法國傘兵。這兩場攻擊是由真主黨（Hezbollah）所策劃。真主黨是位在黎巴嫩的恐怖組織，和伊朗及敘利亞有關聯，但兩國政府均不願對真主黨的行動負責，因此難以藉由懲罰這兩國來避免未來大屠殺的發生。一九八〇年至二〇〇三年之間，共發生了三百一十五起記錄在案的自殺恐怖分子攻擊事件，是自殺炸彈攻擊史上傷亡最慘重的時期之一，但沒有任何時期能比得上第二次世界大戰最後一年。

一九四四年，日軍急於阻止美國在太平洋推進，成立了名為「神風特攻隊」的飛行員特別攻擊隊：受到徵召及自願加入的隊員駕著滿載炸彈的飛機，刻意撞擊美國的軍艦，自己也在撞擊過程中喪命。[5]神風特攻隊進行了近三千八百五十次的自殺炸彈攻擊，造成超過一萬二千名美國士兵喪生，可見毀滅威力之大。這些自殺式攻擊隨著日本在一九四五年八月十五日投降而告終，因此就剖析今日自殺炸彈客的面貌而言，神風特攻隊的參考價值不大。神風特攻隊並不是無國籍的恐怖分子，而是屬於常規軍，在其國家承認失敗後就停止戰鬥。一九四五年神風特攻隊消聲匿跡的緣由，無法做為歷史的借鑑，難以從中學習如何制止受到威脅即消失在平民之中的自殺恐怖分子。**此外，神風特攻隊只攻擊軍事目標，即戰時的合法目標。然而，蓋達組織的自殺炸彈客摧毀的是世貿中心，裡面滿是未參與戰鬥的平民**。蓋達組織恐怖分子與十一世紀暗殺團體阿薩辛（Assassins）的共同處，要多於與二十世紀神風特攻隊的共同處。

阿薩辛是一個小型伊斯蘭教派，主要活躍於伊朗西北部山區，人數少於同教作風較為溫和的教派，而且受其鄙視。阿薩辛教徒會接受近距離戰鬥訓練，尤其是以匕首進行的搏鬥，之後開始暗殺其認定為不虔誠的穆斯林領袖，而且偏好公然行凶以散播恐懼。他們所期望的報酬是在伊斯蘭天堂獲得永生。傳說第一位暗殺成功的阿薩辛刺客，在一〇九二年殺害了波斯大蘇丹（Great Sultan）馬立克沙一世（MalikShah），並在襲擊後立即大喊：「邪魔既除，極樂始生！」[6]他隨後便在蘇丹護衛隊的手中殉教身亡。普林斯頓大學近東研究教授柏納．路易斯（Bernard Lewis）總結道：「阿薩辛是今日眾多伊斯蘭恐怖分子真正的始祖。」[7]

路易斯的看法也許是對的，但近代的自殺炸彈客並不全然是受到宗教驅使；在二十世紀末葉，將近二五%的炸彈攻擊是由非教徒的恐怖分子所為。[8]下文闡述的行為取向是伊斯蘭極端主義者的主要特質，可用來說明現今自殺炸彈客的行為，無論是非信徒或虔誠的信徒皆然。在此架構下，也可看出恐怖分子其實有所顧忌，這正是制止他們的祕訣。路易斯教授認為可以先從蓋達組織開始探究。

自殺攻擊不是輕視生命而是追隨天命

在九月十一日，三十三歲的穆罕默德・阿塔（Mohamed Atta）劫持機師，使第一架飛機衝撞世貿中心。他的遺物中有一封最終指示函，說明了他犯案的動機。阿塔是一位建築工程師，他有良好的數學思維，但信奉基本教義，相信死後的永生勝於他在人世間短暫的停留。這封信函寫著：「相信來世勝於此生者，應為神而戰……不要認為那些為神殉難者已經死去；他們依然活著。」[9]這份文件末尾寫著給阿塔同謀者的訊息：「如能不辱使命，我們之後都會在最崇高的天堂聚首。」**據阿塔所說，塵世是通往天堂之路，所以他為了聖命犧牲自己是百得而無一失。殉道的回報是如此划算，讓平素沉默寡言的阿塔變成了一顆致命的飛彈**。

阿塔並非生來就是恐怖分子。[10]他成長於開羅近郊的現代穆斯林家庭，父親是事業有成的律師，在地中海岸買了一棟度假屋，他的姐姐們則是投身於醫藥和學術界。阿塔的父親對子女管教嚴格，還曾因擔心小時候的阿塔太過羞怯而責怪妻子「把阿塔當成女孩子來教養」。[11]他抱怨：「她總是對阿塔寵愛無度。」阿塔身高約一百七十公分，身材瘦長結實。他勤奮好學，尊重權威，表面上看不出是虔誠的信徒，不過他的親戚記得只要電視上出現風靡埃及的肚皮舞孃，他就會離開房間。鄰居不記得有看過阿塔一家出現在當地的清真寺。阿塔一九九〇年自埃及名校開羅大學畢業後，赴德國進修都市計畫課程，他的人生就此轉變。

阿塔在一九九二年夏天抵達漢堡市，隨後找了一座當地的清真寺開始定期參拜。他嚴守伊斯蘭飲食戒律，不吃豬肉，不飲酒，也不在俱樂部或運動賽事等場合與他人交際往來。他在床邊放了一本《可蘭經》，一天祈禱五次，並在假日齋戒。一九九六年，在前往沙烏地阿拉伯麥加（Mecca）朝聖後，他加入漢堡聖城（al-Quds）清真寺，而坦率直言、引人注目的伊斯蘭教徒穆罕默德．海達爾．薩馬爾（Mohammad Haydar Zammar）即在此講道。阿塔寫下一封遺囑，將他的生死交付給真主阿拉，並且禁止女性探訪他的墳墓。[12]

不過據阿塔的德國房東所言，他的轉變遠在更早之前就開始了。阿塔到了漢堡市後沒多久就說過：「我現在身在國外，我已經長大成人。現在我可以為自己作主了。」[13]或許他專橫的父親種下了一顆種子，而這顆種子就像致命的毒芹（water hemlock），突然間綻放出了花朵。

齊亞德．賈拉（Ziad Jarrah）是黎巴嫩籍機師，他在二〇〇一年九月十一日劫持了聯合航空九十三號班機，這架飛機在一名乘客起而反抗後，墜毀在賓州的桑莫塞郡（Somerset County）。賈拉在進行自殺任務的前一天寫信給他的女友艾賽爾・森貢（Aysel Sengun）道：「我沒有逃離妳身邊，我只是做我應該做的事，妳應該相當以我為傲。」[14]賈拉說他們很快就可以生活在「無憂無慮、沒有悲傷的金銀之城」。賈拉的家境甚至比阿塔還要富裕。他的父母在貝魯特擁有一座公寓大廈，在鄉間有一棟度假屋，開的是賓士車，而且送賈拉去讀私校。他的女友森貢之後回憶道：「只要賈拉或是我需要錢的時候，我就會打電話給賈拉的父母……他們會問我需要多少，〔然後〕總是會送來二倍或三倍的錢。」[15]賈拉不是個好學生，比起上課，他對女生更有興趣，在他搬到漢堡市後，也開始變得像阿塔一樣激進。他們兩人都會到當地的聖城清真寺參拜，儘管他們皆受到良好的養育，仍毅然投入聖戰的行列。

阿塔與賈拉在一九九九年於阿富汗接受蓋達組織的訓練，並學習基本軍備知識，從手槍、狙擊步槍到炸藥、榴彈發射器等不勝枚舉。阿塔與蓋達組織的沙烏地阿拉伯籍創始人奧薩瑪・賓・拉登（Osama bin Laden）見面，選擇九月十一日的最後攻擊目標，包括世貿中心及五角大廈。[16]然而，和其他自殺炸彈客一樣，在這之前，他們早已變成宗教狂熱分子；新成員必須已經是虔誠的信徒才能獲准進入蓋達組織訓練營。[17]在九一一攻擊事件發生前四個月，耶路撒冷的大教長（Grand Mufti）沙克・伊克利馬・沙伯利（Sheikh Ikrima Sabri）曾說道：**「你有多熱**

愛生命，穆斯林就有多熱愛死亡和殉教。」[18]他們是為了上天堂而執行任務。

巴勒斯坦的自殺炸彈客和阿塔、賈拉同樣受過良好的教育，出身中產階級。他們在以色列對非軍事目標發動襲擊，也是出於同樣的動機。恐怖組織哈馬斯（Hamas）一名成員以姓名首字母化名為「S」接受訪問時，說明了做出最終犧牲的吸引力所在：「彷彿有一座堅不可摧的高牆阻隔在你與天堂或地獄之間。按照阿拉的旨意，祂的子民不上天堂即下地獄。所以，只要按下引爆器，你就可以立即開啟通往天堂之門——這是上天堂的最短途徑。」[19]

在問到萬一任務失敗會如何時，S回答：「我們在阿拉面前以《可蘭經》起誓——誓言絕不動搖……所有的殉教任務如果是為了阿拉而執行，疼痛還比不上被蚊子咬了一口。」另一位哈馬斯成員則生動描述了天堂的所在：「天堂近在咫尺，觸目可見，就在姆指下方，引爆器的另一端。」

天堂永生的誘惑，使犧牲變得微不足道，也使得自殺任務巨大無比的回報具有無窮的吸引力。據一位新招募的成員所說：「精神的力量牽引我們向上提升，物質的力量則牽引我們向下沉淪。決心殉道者可以不為物質力量所動。」[20]宗教基本教義者此番有失精確的盤算，說明了伊斯蘭恐怖組織自願殉道者為何總是如此之多。穆拉德・塔瓦爾比（Murad Tawalbi）是一名十九歲的自殺炸彈客，來自約旦河西岸的傑寧市（Jenin）。他在以色列海法市（Haifa）執行任務前遭到逮捕。他感謝他的兄弟招募他執行任務：「他並沒有逼我綁上炸彈腰帶，而是給了我一張上天堂的門票。因為他愛我，所以希望我以身殉道。因為在我們的教義中，殉道是最崇高的壯舉。不是任何人都有機會成為殉道者。」[21]

恐攻是末路之花唯一的歸宿

然而「坦米爾之虎」（Tamil Tigers）切斷了宗教與自殺炸彈攻擊之間的連結。坦米爾之虎是斯里蘭卡的非宗教組織，締造了在二十世紀末葉發動最多起自殺炸彈攻擊的紀錄。這個馬克思列寧主義團體成立的宗旨是為斯里蘭卡的坦米爾人（Tamil）建立獨立的國家。一九八〇年至二〇〇三年間記錄在案的三百一十五起自殺炸彈攻擊中，有七十六起是坦米爾之虎所為。[22]

坦米爾之虎叛軍在一九九一年印度選戰期間，暗殺了前總理英迪拉．甘地（Indira Gandhi）之子拉吉夫．甘地（Rajiv Gandhi），因為他們害怕拉吉夫會勝選，傾向對斯里蘭卡政府採取維和政策。[23]坦米爾之虎暗殺過一位斯里蘭卡總統、國防部長、國家安全顧問，以及反對其暴行的坦米爾溫和派政治人物。雖然坦米爾之虎沒有任何任務和宗教有關，但細究其自殺炸彈客的面貌，可以發現他們之中大多數人就像伊斯蘭自殺炸彈客一樣，可以獲取巨大無比的回報，只不過原因大相逕庭。

最著名的坦米爾自殺炸彈客是名為「達努」（Dhanu）的一位女性。一九九一年五月二十一日星期二那天，她原本站在離拉吉夫．甘地幾公尺外的地方，但隨後捧著鮮花走向前要獻給這位有名的印度政治家，並引爆了隱藏在她紗麗服下腰帶中的一顆炸彈。[24]這場爆炸造成拉吉夫．甘地、達努以及其他十多人喪生，包括坦米爾之虎的攝影師，而這名攝影師遺留下來的影片，記錄了這恐怖的一幕。達努未留下隻字片語說明她行刺的緣由，但據《紐約時報》報導，在斯里蘭卡境內的印度士兵曾殺害她的兩個兄弟，並在該次襲擊中性侵她。[25]**達努之所以決定行刺，似乎是為報個人宿仇，而有家族血仇這個特點顯然不適用於其他坦米爾恐怖分子，除了一個奇怪的巧合：斯里蘭卡許多自殺炸彈客都是有類似經歷的女性。**

在穆斯林世界，女性自殺炸彈客由於十分罕見，與男性相比，較不會引起懷疑。二〇〇三年，一位負責招募未來伊斯蘭恐怖分子的指揮官表示：「身體已經成為我們最強大的武器。在尋找新的方式來抵抗防堵我們的各種複雜安全措施時，我們發現由女性執行任務可能具有優勢。」[26]但在坦米爾之虎並不是這麼一回事，女性成員從一開始就扮演了活躍的角色。達努隸屬於名為「黑虎」（Black Tigresses）的女性自殺特攻隊。一九九〇年代於斯里蘭卡招募的自殺炸彈客估計有一萬名，其中約四千名是女性，相較於穆斯林恐怖分子，比例出乎意料地高；九一一事件的自殺炸彈客清一色都是男性。[27]

和男性成員一樣，女性成員加入坦米爾之虎有林林總總的原因。有人是沒有工作，想尋找人生目標；有人是要為祖國而戰的民族主義者；還有一些人是想報親人被殺之仇。**然而，有許多女性志願加入，是因為她們受到性侵，在當地社區被驅逐而無家可歸。她們成為自殺炸彈客是因為已到窮途末路**。

作家凱特．菲利安（Kate Fillion）曾隨著坦米爾之虎深入斯里蘭卡各地。據她所說，「受到性侵的女性可以成為家族的恥辱，也可以在殉道文化下成為榮耀的象徵。」[28] 菲利安指出，當地報紙有社論告誡斯里蘭卡士兵「應停止性侵檢查站的坦米爾婦女，因為他們只會製造出更多特工」。

曾任哥倫比亞大學《國際研究》（*Journal of International Affairs*）期刊編輯的安娜．庫特（Ana Cutter）則指出，有一名坦米爾婦女說過：「對於永遠無法為人母的女性來說，當一顆人體炸彈是受到諒解與接受的獻祭。」[29] 而調查記者揚．古德溫（Jan Goodwin）在造訪斯里蘭卡後表示：「曾受到性侵是許多女性自殺炸彈客共同的經歷。她們在當地的父權文化下被視為敝屣，不能婚嫁，但認為當人體炸彈可以淨化其身。」[30]

古德溫講述了米納卡（Menake）的故事。米納卡是「一位二十七歲的女性，一頭黑色的長髮利索地紮在後面，有著巧克力般的膚色——是那種可以放心把小孩交給她照顧的人」。米納卡幼時受到父親性侵，之後成了一名自殺炸彈客。在執行暗殺斯里蘭卡總理的任務時，米納卡穿著亮片上衣來遮掩炸彈背心，但在觸及她的「目標」前就遭到警察逮捕。警方發現她的項鍊藏有氰化物膠囊，坦米爾恐怖分子會配戴這種飾品，以便被俘時服毒自盡。她還沒來得及服毒就遭警方擊昏了。

將心比心，以親情改變赴死決心

男性和女性成為自殺炸彈客的原因相當複雜，但除非大多數人有精神疾病（而事實並非如此），否則在某處必有共同點。在坦米爾之虎的殉道文化下，受到性侵者可以透過自殺炸彈攻擊來擺脫為世人所棄的身分。永恆的救贖提供伊斯蘭基本教義者同樣巨大的回報。在這些軼聞中，並無任何證據顯示所有女性坦米爾之虎成員都曾遭受性侵。此外，也不是每個穆斯林自殺炸彈客都相信有天堂。但以上的分析架構適用於各種自殺炸彈客，它除了能說明制止他們的難處，也為如何終止自殺炸彈攻擊提供了一條線索。

斯里蘭卡政府最後擊敗了坦米爾之虎叛軍。就如同那些自殺炸彈客，政府對叛軍毫不留情，也不顧圍攻所引發的慘重傷亡。二〇〇九年二月，在經過兩年的全面交戰後，政府軍在該國東北岸包圍了坦米爾之虎的領袖及支持他們的平民。二〇一九年成為斯里蘭卡總統的戈塔巴雅．拉賈帕克薩（Gotabaya Rajapaksa）是當時的國防部長，他形容了圍剿的情形：「叛軍的領袖們還留在那一帶。他們有人肉盾牌。很快地，等我們踏平此地，就可以把他〔原文照登，應指「他們」〕捉拿到手。」[31] 國際紅十字會估計有二十五萬名平民受困於交戰區，而且無奈承認坦米爾之虎並不會放他們離開，因此要求停火。但拉賈帕克薩拒絕停火，他的理由是：「過去三十年來，我們已經停戰了這麼多次，沒有一次可以解決問題。」他指示鎮壓部隊：「不要給他們任何喘息的空間。」根據後續的估計，有超過七千名平民在這場鎮壓中死亡。[32]

《洛杉磯時報》如此建言：「〔斯里蘭卡〕為擊敗坦米爾之虎叛軍而使用的戰術，應可供其他正努力解決叛亂問題的國家參考。」斯里蘭卡的戰術獲得有力的讚揚，但也充滿爭議。[33] 儘管有證據顯示，許多在交戰中遭俘的平民同情叛軍，並支持恐攻行動，但聯合國仍批評斯里蘭卡政府未能保護無辜的旁觀民眾。**印度軍事分析家阿賈伊．萊勒（Ajey Lele）指出效法斯里蘭卡會有什麼問題：「他們並不擔心殃及無辜，所以在眾多層面上是很難仿效的模式。」**斯里蘭卡以大鎚重擊坦米爾之虎，或許在數十年來的恐攻威脅下，此舉情有可原，但其他國家卻稱之為連坐處罰（collective punishment）且不道德的手段。

雖然連坐處罰違反了國際法規定，但世界各地民主國家或多或少都慣常使用此一手段。據哈佛大學法學教授亞倫・德修茲（Alan Dershowitz）所言：「每當有一國報復另一國時，這兩個國家的公民就會受到連坐處罰。〔第二次世界大戰期間〕英美轟炸德國的城市，連帶處罰了這些城市的居民……〔另外〕還有經濟上的連坐處罰，例如經過聯合國核准的制裁措施。」[34] 雖然沒有明確的分界線能區隔可供接受的連坐處罰措施與不道德的手段，但民主體制政府需要更微妙的武器來威懾住自殺炸彈客——這項武器更像是一把小刀，而不是大鎚。

雖然伊斯蘭基本教義派與坦米爾之虎認為，他們進行恐攻是為了換取巨大無比的回報，但這兩個團體的個別成員，卻都想要家人為他們感到欣喜。舉例來說，出身於約旦河西岸的炸彈客塔瓦爾比，雖未能如願執行任務，但他不但感謝兄弟的幫忙，還描述他與組織內的其他成員如何用影像錄下最後的遺言：「每個人都和自己的家人道別，所以……我母親聽到電視報導我已經殉道時，一定會高興不已，喜極而泣。」[35] **知道自殺炸彈客在乎他們的家人，也就是知道他們終究是有所顧忌的——這是在他們的金鐘罩內可以好好利用的破綻。**

例如，揚言要摧毀自殺炸彈客家人的住宅，或會使這些炸彈客的親人受到傷害，繼而攤平向一端偏斜的巨大回報，可望迫使炸彈客重新考慮捨身殉道的決定。[36] 一九四五年，英國開始採行一項政策，他們在管轄國際聯盟委託其管理的巴勒斯坦領土（League of Nations Mandate for Palestine）時，摧毀了恐攻嫌疑犯家人的住宅。

一九八七年，巴勒斯坦阿拉伯人為反抗以色列軍事占領而展開暴動，稱為第一次巴勒斯坦大起義（first intifada）。以色列在大起義期間也廣泛採用此種做法，但在二〇〇五年停止為之，其部分原因是國際社會譴責此種做法是連坐處罰。直到二〇一四年為因應恐怖主義增溫才重新採用這種處罰方式。[37] **有項較友善的武器可以暫緩拆屋政策，那就是讓自殺炸彈客的父母公開指責子女的行為**。傳送到社交媒體的父母親訓斥影像，可以發揮重大的影響力。這番訓斥即使是被迫而為仍具相當分量，與摧毀住宅相比，可望更有效地抵消殉道的巨大報酬，況且父母要是反悔，還是可以拆屋毀家。

沒有人知道這樣的配套措施能否奏效。這兩種力量在相反的方向彼此拉扯，有如天人交戰。伊斯蘭自殺炸彈客相信只要堅持信念，在捨身後便可上天堂，但也在乎他們的家人。雖然毀家的威脅不大可能勝過天堂的誘惑，但事情總是有出奇的結果。應該沒什麼人能猜到，讓被判處無期徒刑且不得假釋的囚犯在牛仔競技中大秀特秀，就可以安撫他們的情緒，但這正是上一章所講述的內容。**不要低估了「有所顧忌」的力量**。

Part 5

心無所懼萬事成

第 11 章

奮力一搏讓自己所向無敵

「所謂自由，就是無牽無掛，心無所懼」（Freedom's just another word for nothin' left to lose），這句歌詞出自一首暢銷金曲，由創作歌手克利斯・克里斯多佛森（Kris Kristofferson）所譜寫、藍調搖滾女王珍妮絲・賈普林（Janis Joplin）所演唱，可做為貫穿本書的主題。[1]

自由無拘能致使政客、金融家大膽妄為，造成無辜者受害，如希特勒發動未能逆轉頹勢的「突出部之役」、李森拖垮霸菱銀行等。但自由無拘也能促發正面影響：自由無羈的心靈，可以幫助受壓迫者往崇高的理想推進，如帕克斯引發的聯合抵制蒙哥馬利公車運動；在體壇處於劣勢的一方也是抱持同樣的心態，力挫大眾所看好的敵手，使坐困愁城的粉絲轉憂為喜。

舉例來說，在二〇〇七年十一月十日星期六的比賽中，西維吉尼亞州馬歇爾大學美式足球隊帶著二勝八敗的戰績，以二十六比七的比數，痛擊奪盃在望的東卡羅萊納大學隊，令觀看這場賽事的二萬六千七百一十八名粉絲喜出望外。[2] 馬歇爾大學雷霆隊（Thundering Herd）的防守中衛拜倫・汀克（Byron Tinker）如是說：「我們沒什麼好顧慮的。我們以前不是這樣迎戰，但今晚卻有了不一樣的打法。我們更放得開，也更無拘無束……在對戰過程可以明顯看見這樣的轉變。」[3]

東卡羅萊納大學足球隊敗給打法自由奔放的馬歇爾大學隊，雖然可能是學生運動員調適能力較差所致，但即使是職業選手也可能難以招架。丹佛野馬隊（Denver Broncos）在一九九七年、一九九八年常規賽後，連續兩年贏得超級盃冠軍，而包含丹佛野馬隊在內，國家美式足球聯盟（National Football League，簡稱ＮＦＬ）只有七支球隊達成連續兩年奪冠的紀錄。

接下來的五年，丹佛野馬隊表現良好，但不算亮眼，常規賽勝率是五三%，不過遠優於芝加哥熊隊（Chicago Bears）只有四二%的勝率。二〇〇三年，丹佛野馬隊原本料想可以穩當打進季後賽，但在十一月二十三日星期日，芝加哥熊隊帶著三勝七敗的戰績抵達丹佛，卻以十九比十的比數擊敗丹佛野馬隊。當地一篇運動專欄文章的標題寫道：「野馬，接受跌落神壇的事實吧！」[4]在丹佛野馬隊擔任邊鋒，日後進入名人堂的球員香農．夏普（Shannon Sharpe）解說了當時的情況：「如果你的球隊戰績是七勝三敗，那麼大家在第四次進攻（Fourth Down）*時絕對不會卯足全力。但要是像芝加哥隊三勝七敗，那還有什麼好顧慮的？完全可以放手一搏，他們就是用這樣的打法……在我們的主場打敗了我們。」

心無掛慮通常是促成個別選手奪標得勝的動力。伊文．古拉貢（Evonne Goolagong）在澳洲內陸地區長大。她出生於貧窮的原住民家庭，是家中八個小孩之一，但她在一九七〇年代躋

＊美式足球中，進攻隊伍有四次進攻機會，若最後一次（即第四次）進攻仍未達到十碼，將攻守交換。一般球隊會選擇在第三次進攻失敗時停止推進，因為如果第四次進攻也失敗，進攻隊伍就要在進攻結束的地方交出球權。

身全世界最耀眼的網球明星之列。

她首次在大賽中得勝是在一九七一年初與她的網球偶像瑪格麗特．考特（Margaret Court）的對戰中；考特同樣是澳洲的選手，在一九七〇年贏得網球大滿貫賽冠軍。古拉貢在當地的維多利亞冠軍賽大爆冷門，以七比六、七比六直落兩盤擊敗比她年長的考特。考特心有不甘，在落敗後表示：「古拉貢對戰頂尖球員時打得比較好，因為她沒什麼好顧慮的。」[5]

之後同一年，古拉貢在英國溫布頓網球錦標賽（Wimbledon）欣然應驗了考拉這句不太情願的讚言，她在準決賽打敗奪得三次溫網冠軍的美國女將比莉．珍．金（Billie Jean King）。古拉貢解釋道：「一切都很順利，表現都有達到預期。因為我沒什麼好顧慮的，所以就放膽一搏。」[6]無所顧慮便是這位新進超級球星的致勝祕訣，而比莉．珍．金如此稱讚古拉貢：「她在場上對我非常親切。網球界需要像古拉貢這樣的年輕好手。」古拉貢於溫網封后的那一年即將滿二十歲，她在決賽以六比四、六比一痛擊考特，寫下甜蜜的勝利。

無畏無懼可以讓選手勇於孤注一擲，在希望最渺小時逆勢勝出，不過光是心無畏懼並無法長久支撐運動員的事業發展。在將近十年後，古拉貢擔憂道：「現在溫網對我來說，比我當初奪冠時更加重要。當年，一切都是那麼新奇……溫網對我似乎不是那麼重要……如今網壇專業化程度更高，對頂尖選手的要求也大為提高，溫網對我更加重要，我真的希望能在退役前再贏得一次溫網冠軍。」[7] 她在一九八〇年再次奪冠，這項成就除了證明她的精湛球技，或許也證明了她早年克服挑戰時所培養出的膽識過人——正是這樣的態度，讓她的事業能夠遠遠延伸到運動場之外。

無所顧忌就是你的過人之處

亞倫・德修茲（Alan Dershowitz）一九三八年出生於布魯克林，一九六二年以全班第一名的成績從耶魯法學院畢業，曾擔任美國最高法院法官亞瑟・戈德堡（Arthur Goldberg）的書記官，並在二十八歲成為哈佛法學院最年輕的正教授。專精美國憲法，主張美國憲法第一修正案權利的德修茲，曾為許多高知名度——但令人存疑——的客戶辯護，包括哈里・里姆斯（Harry Reems），他是一名色情電影的演員；克勞斯・馮・比洛（Claus von Bülow），他被控企圖謀殺社交名媛妻子桑尼・馮・比洛（Sunny von Bülow）；以及奧倫塔爾・詹姆斯・辛普森（O. J. Simpson，簡稱O・J・辛普森），他被控謀殺前妻妮可・布朗・辛普森（Nicole Brown Simpson）及她的友人羅恩・高曼（Ron Goldman）。美國總統川普第一次遭眾議院彈劾後，德修茲也曾在二〇二〇年的參議院審判中為川普辯護。

德修茲講述了他早期的學校生活，說明他為何愛打有爭議的官司：「我是個很令人頭痛的學生。我總是不斷質疑、發問、試圖從我所認為的封閉體系中掙脫出來。我不盲從別人的要求……勇於冒險似乎一直是我的本性。」[8]他接著從反向論點闡明箇中緣由：「我年輕時沒有克服恐懼的必要，因為沒有什麼可失去的，可以毫無顧忌去做。」

理查・尼克森（Richard M. Nixon）和德修茲一樣是執業律師，以全班第三名的成績畢業於杜克大學法學院，他的成年生活大部分是在政治鬥爭中度過。他在一九五〇年代艾森豪兩任總統任期均擔任美國副總統；在一九六〇年競選總統，以些微之差敗給對手約翰・甘迺迪（John F. Kennedy）；之後在一九六二年競選了加州州長，對手是愛德蒙・「帕特」・布朗（Edmund “Pat” Brown），他同樣落敗。尼克森最後終於達成人生目標，在一九六八年美國總統大選中擊敗副總統休伯特・韓福瑞（Hubert Humphrey）。尼克森在一九七二年成功連任美國總統，但兩年後黯然辭職下台，避免因「水門事件」醜聞而遭到彈劾。

尼克森表示，童年受到的屈辱是驅使他奮發向上的主因：「追根究柢，我們小時候可能遭到嘲笑、輕蔑、冷落等對待。有時是因為你是窮人家的孩子，或是愛爾蘭人或猶太人或天主教徒，或長得醜，或只是因為你瘦巴巴的。但如果你相當理智，如果你的怒氣夠深夠強，你就會知道，在那些要什麼有什麼的人懶散度日的時候，你只要奮發向上，力求表現，便可以改變這些態度。」[9]

他接著說明如何追求成功：「一旦你知道自己必須比任何人都還要努力，在你走出自己的小世界邁步向前時，積極努力便成為你奉行的生活方式。你的心中沒有任何掛慮，所以勇於四處冒險，只要有所付出，往往是有回報的。那時你會首次了解到，你確實比別人有優勢，因為你的競爭對手無法賭上已經握有的一切去冒險。」

尼克森和德修茲在人生攻頂後，就有許多東西要顧忌了，但兩人都依然甘冒風險，也許是因為這樣的策略曾經奏效。德修茲認為這是他人生的使命，他說：「我喜歡贏，不喜歡輸。在馮．比洛案上訴成功後，友人勸告我──『見好就收』。他們的理由是，要是我輸掉這場官司，就會被貼上輸家的標籤。但我甘願冒著敗訴的風險。接下容易打的案子，當然就容易勝訴。但我只接高風險的案子。」[10]尼克森勇於冒險的態度更是有過之而無不及：「你破釜沉舟，準備好接受任何挑戰，繼續走在懸崖邊緣，這是因為多年來，你知道可以走得離邊緣多近而不失去平衡，你已經對這種感覺深深著迷。」[11]不過他也承認因水門案付出了代價：「這次情況大為不同。這次我們沒辦法冒險一搏。」

放膽去做是種態度而非萬靈丹

運動隊伍、世界級運動員、超級律師、政治人物之所以能成功致勝，是因為他們勇於冒險、追求極其龐大的獎賞，並且抑制對失敗的恐懼，就好比是戴著眼罩的賽馬。從本書各章描述可見，他們的大膽之舉改變了歷史。但若高報酬且損失有限的機會是如此誘人，若這些機會是通往成功之路，為何會難得一見？為何「萬福瑪麗亞」沒有占據報紙頭條？一同來探討這句古羅馬天主教的祈禱語如何融入日常對話，便可以窺見一些緣由。

羅傑．斯陶巴赫（Roger Staubach）畢業於美國海軍學院，因擔任達拉斯牛仔隊（Dallas Cowboys）四分衛而入選職業美式足球名人堂，並在一九七〇年代帶領該隊拿下兩屆超級盃冠軍。斯陶巴赫有各種稱號，包括「閃躲羅傑」（Roger the Dodger）*，因為他擅長四處流竄傳球，以及「逆轉隊長」（Captain Comeback），因為他能在關鍵賽第四節達成逆轉勝。

最值得紀念的一場逆轉勝賽事，是一九七五年十二月二十八日星期日舉行的季後賽。在比賽僅剩幾秒鐘時，達拉斯牛仔隊以十四比十的比數落後明尼蘇達維京人隊（Minnesota Vikings），但斯陶巴赫接著卻投出一記五十碼（約四十五公尺）長傳給外接手德魯．皮爾森（Drew Pearson），為達拉斯牛仔隊取得勝利，使該隊能夠留在季後賽。斯陶巴赫回想起獲勝後接受記者訪談的情形：「我當時還跟記者開玩笑。」他說道：「我在比賽中被撞倒……我閉上眼睛，念著『萬福瑪麗亞』。」[12]他接著解釋：「慢慢地，只要有人身陷困境，就會念出這句祈禱語。」國家美式足球聯盟之後贊助了紀念這句話的T恤，斯陶巴赫自己也成了主顧：「這些T恤前面有大大的『萬福瑪麗亞』字樣，背後有這場賽事的說明。我買了一堆給我的孫子女穿。」

斯陶巴赫是位偉大的運動員，他的招牌祈禱語成了美國文化的一部分，但我們只會記得成功獲勝的傳球。而事實上，成功的次數少之又少。[13]沒人會去討論斯陶巴赫喊出瑪麗亞卻沒能達陣的賽事，但大專院校美式足球資料顯示，在二〇〇五年至二〇一三年之間，四分衛共投出四百零三次這樣的長傳，亦即平均每年約有四十次。然而，只有十次觸地得分，成功率是二．五％。[14]大多數的傳球之所以無法達陣，原因是防守的球員早就準備好應對四分衛的放手一搏，並預防突如其來的逆襲，但在賽況危急之際，這些舉動並不能阻擋四分衛想再現神蹟的嘗試。我們只是不記得失靈的情況罷了。

「奮力一搏」在政界、戰爭、商場上成功奏效的案例寥寥無幾，也可用類似的道理來解

* 英國漫畫的名稱，亦為漫畫中主角的名字，該角色每次都能僥倖逃過災難。

釋。**藉著「奮力一搏」成功扭轉情勢的機率原本就很低，有為數更多的敗績在史冊上蒙塵而不為人知**。鮮少會有人記得艾森豪在突出部之役瓦解了希特勒的最後一搏，留存在記憶中的只有馬爾梅第大屠殺，以及一九六五年紀念該場戰役的電影《坦克大決戰》（*Battle of the Bulge*），該電影由亨利·方達（Henry Fonda）、查爾斯·布朗森（Charles Bronson）、泰利·沙瓦拉（Telly Savalas）所出演。以失敗告終的賭局從公開紀錄中隱去，好比在肯塔基德比（Kentucky Derby）賽馬比賽中落敗的純種馬。

但是在形勢所迫下孤注一擲的情事，比我們回憶所及更常發生。舉例來說，近年來至少有三位美國總統候選人在遭逢挫敗時，如斯陶巴赫般冒險使出奇招，他們選擇了不按牌理出牌的競選搭檔來提高獲勝的機率。在這三位出乎意料之外的搭檔中，有兩位是女性，但第三位則不是。這三位你是否都記得呢？

最近期擲出骰子賭上一把的候選人，是共和黨的約翰·馬侃（John McCain）。二〇〇八年夏天的民調預測民主黨候選人巴拉克·歐巴馬會得勝後，他選擇沒沒無聞的阿拉斯加州州長莎拉·裴琳（Sarah Palin）做為副總統人選，當時報刊頭條寫著：「馬侃奮力一搏」（McCain's Hail Mary Pass）。[15] 共和黨全國大會的阿拉斯加州代表比爾·羅爾（Bill Noll）表示：「如果此舉無法獲得全美女性的共鳴，我就把我的帽子吃掉」。共和黨斷然落敗時，羅爾應該被他那頂軟呢帽噎到說不出話來。

但裴琳並不是首位在政黨大選中獲選為副總統候選人的女性。這項殊榮屬於民主黨的紐約州眾議員傑羅丁．費拉羅（Geraldine Ferraro），華特．孟岱爾（Walter Mondale）在一九八四年參選總統時選擇費拉羅與他搭檔，但未能成功阻止總統隆納．雷根（Ronald Reagan）連任。《波士頓環球報》（*Boston Globe*）聯載專欄作家愛倫．古德曼（Ellen Goodman）寫道：「之所以破天荒選擇女性為搭檔，一是突發奇想，二是努力奮戰，三則是孤注一擲……在與雷根的對戰中，費拉羅是活生生的一記『萬福瑪麗亞長傳』。」[16]

第三場豪賭發生在一九九六年，曾為一九七六年副總統候選人的共和黨參議員鮑勃．杜爾（Robert Dole）在該年參選總統，試圖阻止總統比爾．柯林頓連任。一九九六年夏天的全國民調顯示，杜爾落後柯林頓二十個百分點，此時杜爾選擇了紐約州眾議員，同時也曾是水牛城比爾隊（Buffalo Bills）明星四分衛球員的傑克．肯普（Jack Kemp）做為競選搭檔。

肯普在一九六五年榮獲美國美式足球聯盟（American Football League）最有價值球員獎，一九七〇年從國家美式足球聯盟退役。他研讀經濟學，並在國會提出減稅方案來振興經濟，藉此擺脫了運動員四肢發達、頭腦簡單的標籤。然而，當杜爾宣布搭檔人選時，民主黨員為了突顯杜爾是在孤注一擲，還特意發放帶有「萬福瑪麗亞長傳」字樣的袖珍版足球。[17]《時代雜誌》在講述副總統人選的簡史時寫道：「那些對馬侃二〇〇八年副總統人選仍搖頭不解的人可能有點健忘——早在裴琳之前，肯普就已經出線了。」[18]

努力不懈，放手一搏

抱持著放手一搏的態度，可能讓你成為像古拉貢這樣的網球明星，或是像德修茲這樣的超級律師，但要有心理準備，前方並非平坦的大道，因為要成功不能只憑手氣佳、運氣好。一九九七年，一位戴著牙套，平時在破舊公共球場練球的少女，竟在紐約的法拉盛草原（Flushing Meadows）球場打進美國網球公開賽的決賽，跌破眾人眼鏡。當時非種子女將挺進決賽是前所未有之事，堪比愛蜜莉亞．艾爾哈特（Amelia Earhart）在一九三二年獨自飛越大西洋的壯舉。但是世界排名第一的瑪蒂娜．辛吉絲（Martina Hingis）以自信豪語橫堵在前：「世上最棒的感覺，莫過於知道你是天下無敵的。」[19] 辛吉絲還對她那位名叫「維納斯．威廉絲」（Venus Williams，又稱做「大威廉絲」）的對手表示了些許輕蔑，認為她「不過是另一個放手一搏的球員罷了」。

十七歲的大威廉絲在一九九七年的確有放手一搏的拼勁，但終究壯志未酬。辛吉絲在決賽以六比零、六比四擊敗大威廉絲，因為辛吉絲在當時技高一籌。不過，大威廉絲沒有多久就急起直追。大威廉絲克服了先前的挫敗，在二〇〇〇年、二〇〇一年美國網球公開賽奪冠，同兩年亦在溫網封后，往後並在全英俱樂部（All England Club）拿下另外三屆冠軍。在二十一世紀前十年，大威廉絲與她的妹妹沙蓮娜・威廉絲（Serena Williams，又稱做「小威廉絲」）雙雙稱霸體壇，但姐妹兩人也將因傷病所苦。

大威廉絲在二〇一一年經診斷罹患薛格連氏症候群（Sjogren's syndrome），這是一種自體免疫疾病，會引發眼睛、口腔乾燥及疲憊等症狀，如此的體況並不適合參加網球巡迴賽。她表示：「症狀出現才診斷出罹患了這種疾病。病程發展時間很久。」[20] 大威廉絲並說道：「所以，我每天都想辦法戰勝自己。這是我唯一能力所及的。」二〇一四年六月，當時三十四歲的大威廉絲在世界排名第三十一位，在極不受看好的情況下參加溫網，卻成功闖入第三輪。她對自己的表現感到滿意，並說明她能夠堅持到第三輪的原因是：**「想要有所保留並不是正確的心態。你必須大步向前，豁出一切，然後瀟灑應戰。」她接著說道：「我沒有什麼好證明，沒有什麼想隱藏，也沒有什麼需要顧忌。」**

致勝之道，莫過於此。

謝辭

我想在此感謝這些年來一起參加選股競賽的紐約大學史登商學院學生。本書的主題是從選股競賽發想而來，而舉辦競賽的想法是受到大衛・史東博格（David Stonberg）的啟發。他是我的好友，也曾擔任我的助教。他建議我在課程中納入能結合當前時事的專題。

有多位同事在各個不同階段幫忙審讀本書原稿，包括肯尼斯・加巴德（Kenneth Garbade）、迪克・西拉（Dick Sylla）、布魯斯・塔克曼（Bruce Tuckman）等。他們在多處抓出錯誤，讓我免於出糗。可惜他們沒抓到漏網之魚。

我的經紀人理查・艾巴特（Richard Abate）及顧問克萊兒・溫克特爾（Claire Wachtel）督促我擴大討論範圍，要我走出舒適圈，雖然此舉增加我寫稿的難度，但也使最終成品展現更佳的樣貌。

博學多聞的編輯毛羅・迪普雷塔（Mauro DiPreta）除了熟知本書的大方向，亦相當注重其中的小細節。多虧他讓本書的論述有別以往，更鞭辟入裡。

我的妻子麗蓮（Lillian）細讀了每個章節的每字每句，幫本書添加感同身受的觀點，而我的子女和孫子女也似乎興味盎然地聽我講述書中的內容。

我也要感謝好友湯瑪斯・薩金特（Thomas Sargent），他是一位謙遜的諾貝爾獎得主，感謝他在一開始給予我的鼓勵。

本書能順利完成，要歸功於以上所有人的支持與幫助，如有不足之處，或許也可以找他們追究一下。

參考文獻

第1章

1. 這個故事有多家報章媒體報導。相關事實是參考以下兩篇報導：Melissa Gomez and Julia Jacobs, "Texas Man's Near-Fatal Lesson: A Decapitated Snake Can Still Bite," *New York Times*, June 8, 2018, A15, and Allyson Chiu, "A Texas Man Decapitated a Rattlesnake. It Bit Him Anyway and He Nearly Died, His Wife Says," *Washington Post* online, June 7, 2018, https://www.washingtonpost.com/news/morning-mix/wp/2.
2. Gomez and Jacobs, "Near-Fatal Lesson," A15.
3. 同上。
4. 本句引言及本段資訊出處：Simona Kralj-Fiser et al., "Eunuchs Are Better Fighters," *Animal Behavior* 81 (2011): 933–39. 亦參見 John Barrat, "Don't Pick a Fight with a Eunuch Spider. It Has Nothing to Lose," Animals, Research News, Science & Nature, Smithsonian Insider, April 7, 2011, https://insider.

si.edu/2011/04/dont-pick-a-fight-with-a-eunuch-spider-its-got-nothing-to-lose.

5. Peter King, "I Desperately Want to Be Coached," *Sports Illustrated* online, September 9, 2015, https://www.si.com/mmqb/2015/09/09/aaron-rodgers-mike-mccarthy-tom-clements-green-back-packers-avoiding-interceptions.
6. 參見 "NFL Career Leaders—Passing Touchdown/Interception Ratio," Football Database, https://www.footballdb.com/leaders/career-passing-tdintratio.
7. John C. Fitzpatrick, ed., *The Writings of George Washington from the Original Manuscript Sources, 1745–1799*, vol. 4, *October, 1775–April, 1776* (Washington, D.C.: Government Printing Office, 1932), 209.
8. 同上，392.
9. John C. Fitzpatrick, ed., *The Writings of George Washington from the Original Manuscript Sources, 1745–1799*, vol. 6, *September, 1776–January, 1777* (Washington, D.C.: Government Printing Office, 1932), 347.
10. 同上。
11. 同上，401–2.
12. 同上，436.
13. 參見 Philip K. Gray and Stephen F. Gray, "Testing Market Efficiency: Evidence from the NFL Sports

Betting Market," *Journal of Finance* 52, no. 4 (September 1997): 1725–37, and Steven D. Levitt, "Why Are Gambling Markets Organized So Differently from Financial Markets?," *Economic Journal* 114, no. 495 (April 2004): 223–46.

14. 有關一九六九年超級盃賽事的詳情，請參考 Jack Doyle, "I Guarantee It. Joe Namath," PopHistoryDig.com, November 18, 2020, http://www.pophistorydig.com/topics/joe-namath.

15. Larry Cao, "Nobel Laureate Myron Scholes on the Black-Scholes Option Pricing Model," Enterprising Investor, October 13, 2014, https://blogs.cfainstitute.org/investor/2014/10/13/nobel-laureate-myron-scholes-on-the-black-scholes-option-pricing-model. 亦參見 Fischer Black and Myron Scholes, "The Pricing of Options and Corporate Liabilities," *Journal of Political Economy* 81, no. 3 (May/June 1973): 637–54.

16. 參見 Jared Diamond, "The Best Young Player in Baseball Swings on 3-0. Here's Why Everyone Should," *Wall Street Journal*, August 21, 2020, A12.

17. 同上。

18. Charles V. P. von Luttichau, "The German Counteroffensive in the Ardennes," chap. 20 in *Command Decisions* (Washington, D.C.: Center of Military History, U.S. Army, 1960), 444, available at Hathi Trust Digital Library, https://catalog.hathitrust.org/Record/011414502.

19. 同上。

20. 該引言為《共產黨宣言》第4章的最後幾句，該章最後一句為「萬國勞動者團結起來啊！」請見 Karl Marx and Frederick Engels, *Marx/Engels Selected Works*, vol. 1 (Moscow: Progress Publishers, 1969), 98–137, available at Marxists Internet Archive, https://www.marxists.org/archive/marx/works/download/pdf/Manifesto.pdf.（中文版參見陳望道譯本，一九二〇年）
21. Donald Trump with Tony Schwartz, *The Art of the Deal* (New York: Ballantine Books Trade Paperback, 2015), 48.
22. 成功機率視傳球的起點而異。相關預估值參見 Brian Burke, "Hail Mary Probabilities," Advanced Football Analytics, September 25, 2012, http://archive.advancedfootballanalytics.com/2012/09/hail-mary-probabilities.html, and "Hail Marys—Just How Improbable Are They?," CougarStats, last modified September 10, 2015, https://blog.cougarstats.com/2015/09/10/hail-marys-just-how-improbable-are-they.
23. Maureen Dowd, "Manic Panic on the Potomac," *New York Times*, October 11, 2020, SR9.

第2章

1. 雖然第三十四任總統艾森豪在一九五八年，也就是第二任期過了兩年後，因幕僚長謝爾曼・亞當斯（Sherman Adams）受指控干涉行商而被迫辭職，導致艾森豪名譽受損，但沒有人責怪艾森豪有任何不法行為。

2. Harold Ickes, *The Secret Diary of Harold L. Ickes: The First Thousand Days, 1933–1936* (New York: Simon & Schuster, 1953), 274.
3. Jamie L. Carson and Benjamin A. Kleinerman, "A Switch in Time Saves Nine: Institutions, Strategic Actors, and FDR's Court-Packing Plan," *Public Choice* 113, nos. 3 and 4 (December 2002): 303.
4. "President's Message," *New York Times*, February 6, 1937, 1.
5. "Bar Head Attacks Court Proposal," *New York Times*, February 6, 1937, 9.
6. 同上。
7. "Opinions of the Nation's Press on Court Plan," *New York Times*, February 6, 1937, 10.
8. 當天標普五百指數，也就是一種廣泛的股市指數，下跌一．六％，而過去九十日的單日報酬標準差為〇．八七％。
9. "Stocks Drop Fast on Court Message," *New York Times*, February 6, 1937, 1.
10. 摘自國家憲法中心人員（National Constitution Center staff），"How FDR Lost His Brief War on the Supreme Court," *Constitution Daily*, February 5, 2020, available at https://constitutioncenter.org/blog/how-fdr-lost-his-brief-war-on-the-supreme-court-2.
11. 參見約翰．南斯．加納在美國參議院的討論，"John Nance Garner," Art and History, United States Senate, https://www.senate.gov/artandhistory/art/artifact/Painting_31_00007.htm.
12. 參見 Colleen Shogan 在 "The Contemporary Presidency: The Sixth Year Curse," *Presidential Studies*

Quarterly 36, no. 1 (March 2006): 96，關於過度自信的討論。她並未提及下檔保護。

13. 有關卡爾文・柯立芝的精采傳記，請見 Amity Shlaes, *Coolidge* (New York: HarperCollins, 2013).
14. 本段及下一段引言出處：“President Wilson Bids All His Countrymen Be Neutral Both in Speech and Action,” *Christian Science Monitor*, August 18, 1914, 1.
15. 以下兩本書提供了盧西塔尼亞號的詳細資訊：Douglas C. Peifer, *Choosing War: Presidential Decisions in the Maine, Lusitania, and Panay Incidents* (New York: Oxford University Press, 2016), and Erik Larson, *Dead Wake: The Last Crossing of the Lusitania* (New York: Crown, 2015).
16. “Press Calls Sinking of Lusitania Murder,” *New York Times*, May 8, 1915, 6.
17. “President Drafting Policy for Cabinet,” *Boston Daily Globe*, May 9, 1915, 1.
18. “A. G. Vanderbilt’s Career Is Very Spectacular,” *San Francisco Chronicle*, May 9, 1915, 32.
19. “Owners Believed the Lusitania Could Not Be Sunk: Her Construction Was Better Than the Titanic,” *Los Angeles Times*, May 8, 1915, 19.
20. 參見 Bruno S. Frey, David A. Savage, and Benno Torgler, “Behavior Under Extreme Conditions: The Titanic Disaster,” *Journal of Economic Perspectives* 25, no. 1 (Winter 2011): 218, table 3.
21. 這段描述主要依據 “Germany Admits Torpedoing Lusitania; ‘Let Them Think,’ Bernstorff’s Comment; American Dead 115; Children, 25,” *New York Tribune*, May 9, 1915, 1.
22. 部分目擊者認為有第二發魚雷攻擊，但近期多數證據都指向急湧而入的冰冷海水衝擊鍋爐才導致第二次爆炸。參見 Peifer, *Choosing War*, 85–87.
23. 同上，73.
24. "Passengers Too Confident," *New York Times*, May 10, 1915, 3.
25. 這段主要依據 Peifer, *Choosing War*, 73–74, and Larson, *Dead Wake*, 259–60.
26. 本段引言出處："How the Great Ship Went Down," *Weekly Irish Times*, May 15, 1915, 3.
27. 同上。
28. 參見 Peifer, *Choosing War*, 73–74, and Larson, *Dead Wake*, 259–60.
29. "Wilson Calmly Considers," *New York Times*, May 10, 1915, 1.
30. Woodrow Wilson, "Address to Naturalized Citizens at Convention Hall, Philadelphia," May 10, 1915, available at American Presidency Project, https://www.presidency.ucsb.edu/documents/address-naturalized-citizens-convention-hall-philadelphia.
31. 本段引言出處："Crime of Ages, Colonel Says," *Chicago Daily Tribune*, May 12, 1915, 1.
32. Mark Benhow, review of *Colonel House: A Biography of Woodrow Wilson's Silent Partner*, by Charles E. Neu (New York: Oxford University Press, 2014), Central Intelligence Agency online, Intelligence in Public Media, September 28, 2015, https://www.cia.gov/library/center-for-the-study-of-intelligence/csi-publications/csi-studies/studies/vol-59-no-3/colonel-house.html.
33. Edward Mandell House, *The Intimate Papers of Colonel House: From Neutrality to War, 1915–1917*, vol.

1, ed. Charles Seymour (Boston: Houghton Mifflin, 1926), 434.

34. Larson, *Dead Wake*, 281.

35. 該封外交文書的原文刊登於 *Los Angeles Times*, May 14, 1915, 12，白話文摘要則刊登於 "Leading Points in President's Note to Germany Demanding Redress for Attack on Americans," *New York Times*, May 13, 1915, 1.

36. 本段引言出處： William G. McAdoo, *Crowded Years: The Reminiscences of William G. McAdoo* (Boston: Houghton Mifflin, 1931), 366–67.

37. Edward Mandell House, *The Intimate Papers of Colonel House: From Neutrality to War, 1915–1917*, vol. 2, ed. Charles Seymour (Boston: Houghton Mifflin, 1926), 239.

38. 同上，341 and 347.

39. 同上，359–60.

40. "Kansas Lead Piles Up for President Wilson," *Chicago Daily Tribune*, November 9, 1916, 4.

41. "Votes of Women and Bull Moose Elected Wilson," *New York Times*, November 12, 1916, 1.

42. "Wilson Solid with California Women," *Boston Daily Globe*, November 9, 1916, 10.

43. 在美國一九一六年總統大選中賦予女性投票權的十二州包括懷俄明州、科羅拉多州、猶他州、愛達荷州、華盛頓州、加州、亞利桑那州、堪薩斯州、奧勒岡州、蒙大拿州、內華達州，以及伊利諾伊州。其中除了奧勒岡州與伊利諾伊州，其他州均投給威爾遜。參見 *Map: States Grant*

Women the Right to Vote (January 1, 1919), "Centuries of Citizenship: A Constitutional Timeline," National Constitution Center online, https://constitutioncenter.org/timeline/html/cw08_12159.html.

44. 本段及接下來的兩段引言出處：House, *Intimate Papers of Colonel House*, vol. 2, 390–91.
45. "Foreign Issues Faced," *Washington Post*, November 20, 1916, 1.
46. "A Ship a Week for US," *New York Times*, February 1, 1917, 1.
47. "Germany Asks Mexico to Seek Alliance with Japan for War on U.S.," *New York Tribune*, March 1, 1917, 1.
48. 該引言出處：Larson, *Dead Wake*, 340.
49. 本段及下段中的引言出處："Text of the President's Address," *New York Times*, April 3, 1917, 1, and "Must Exert All Our Power," *New York Times*, April 3, 1917, 1.
50. "Must Exert All Our Power," *New York Times*, April 3, 1917, 1.
51. "For Freedom and Civilization," editorial, *New York Times*, April 3, 1917, 12.
52. Larson, *Dead Wake*, 343.

第3章

1. William F. Duker, "The President's Power to Pardon," *William & Mary Law Review* 18, no. 3 (March 1977): 479.

2. 有關釋放或逃脫的殺人犯所犯下的九起謀殺案清單，請見 appendix A in Paul J. Larkin Jr., "The Demise of Capital Clemency," *Washington and Lee Law Review* 73, no. 3 (Summer 2016): 350–51.
3. Laura Argys and Naci Mocan, "Who Shall Live and Who Shall Die: An Analysis of Prisoners on Death Row in the United States," *Journal of Legal Studies* 33, no. 2 (June 2004): 255–82.
4. United Press International, "Lame Duck Gov. Blanton Frees Killer, Son of Crony," *Los Angeles Times*, January 16, 1979, A2, and Associated Press, "Governor Shocks Tennessee with Clemency for 52," *Chicago Tribune*, January 17, 1979, 2.
5. Associated Press, "Gov. Blanton Sets 8 Murderers Free," *Los Angeles Times*, January 17, 1979, B28.
6. Howell Raines, "Gov. Blanton of Tennessee Is Replaced 3 Days Early in Pardons Dispute," *New York Times*, January 18, 1979, A16.
7. Associated Press, "Blanton Sets 8 Murderers Free," B28.
8. *The Philadelphia Inquirer* (April 11, 1979, 3A) 報導田納西上訴法庭維持州長卸任前發出的特赦令。
9. Eleanor Randolph, "Blanton: Tennessee's Hillbilly Nixon," *Chicago Tribune*, January 21, 1979, B14.
10. Ray Hill, "Ray Blanton, Part 5," *Knoxville Focus* online, January 22, 2017, http://knoxfocus.com/archives/this-weeks-focus/ray-blanton-part-5.
11. 本句及下句引言出處：Randolph, "Hillbilly Nixon," B14.
12. 這項事實及本段提及的其他要點，參見 Campbell Robertson, "Mississippi Governor, Already

Criticized on Pardons, Rides a Wave of Them out of Office," *New York Times*, January 11, 2012, A13.

13. 本處舉出的三則實例摘自 Campbell Robertson and Stephanie Saul, "List of Pardons Included Many Tied to Power," *New York Times* online, January 27, 2012, https://www.nytimes.com/2012/01/28/us/many-pardon-applicants-stressed-connection-to-mississippi-governor.html, and Linda Killian, "Haley Barbour's Last-MinutePardons Hurt the GOP's Law and Order Image," Daily Beast, January 18, 2012, https://www.thedailybeast.com/haley-barbours-last-minute-pardons-hurt-the-gops-law-and-order-image.

14. "Editorial: Furthermore . . ." *Journal-Gazette* (Fort Wayne, IN), January 14, 2012, A10.

15. Robertson, "Mississippi Governor," A13. 該引言摘自 "Mississippi Judge Blocks Release of Pardoned Prisoners," *St. Joseph (MO) News-Press*, January 11, 2012.

16. Emily Le Coz, "Barbour Pardons One Year Later: What 'Life' Looks Like," *Clarion Ledger* (Jackson, MS) January 13, 2013, 3C–6C.

17. 本句及下句引言出處：Amy Goldstein and Susan Schmidt, "Clinton's Last Day Clemency Benefits 176; List Includes Pardons for Cisneros, McDougal, Deutsch, and Roger Clinton," *Washington Post*, January 21, 2001, A1.

18. 摘自 Weston Kosova, "Backstage at the Finale," *Newsweek*, February 26, 2001, 30–35.

19. 本句引言及本段的其餘討論出處同上。

20. Goldstein and Schmidt, "Clinton's Last Day Clemency Benefits 176," A1.

21. Margaret Colgate Love, "The Pardon Paradox: Lessons of Clinton's Last Pardons," *Capital University Law Review* 32, no. 1 (2002): 210.
22. Goldstein and Schmidt, "Clinton's Last Day Clemency Benefits 176," A1.
23. "The Controversial Pardon of International Fugitive Marc Rich," *Hearings Before the Committee on Government Reform, House of Representatives, One Hundred Seventh Congress, First Session, February 8, and March 1, 2001* (Washington, D.C.: U.S. Government Printing Office, 2001), 102–3, https://www.govinfo.gov/content/pkg/CHRG-107hhrg75593/html/CHRG-107hhrg75593.htm.
24. 本句引言及本段其他資訊出處：Albert W. Alschuler, "Bill Clinton's Parting Pardon Party," *Journal of Criminal Law and Criminology* 100, no. 3 (Summer 2010), 1140.
25. 同上，1141.
26. 參見丹妮絲．李奇代表律師寄給委員會主席丹．伯頓（Dan Burton）之信件，信中主張其憲法第五修正案保障之不作證權，信件標註日期為二〇〇一年二月七日，"Controversial Pardon of International Fugitive Marc Rich," 3.
27. "Controversial Pardon of International Fugitive Marc Rich," 106–7.
28. 本段引言出處："An Indefensible Pardon," editorial, *New York Times*, January 24, 2001, A18; "Unpardonable," *Washington Post*, January 23, 2001, A16; "A Paid Pardon?" *Christian Science Monitor*, January 25, 2001, 10.

29. E. J. Dionne Jr., "And the Gifts That Keep on Giving," *Washington Post*, February 6, 2001, 17.

30. 本句及本段下句引言出處：Glen Johnson, "Frank Seeks Ban on End-of-Term Pardons," *Boston Globe*, February 28, 2001, A8.

31. Gregory Sisk, "Suspending the Pardon Power During the Twilight of a Presidential Term," *Missouri Law Review* 67, no. 1 (Winter 2002).

32. 本句及下句引言出處：Reuters, "The Pardons: Independent Counsel's Statement on the Pardons," *New York Times*, December 25, 1992, 22.

33. Sisk, "Suspending the Pardon Power," 23.

34. "Pardons Granted by President Barack Obama (2009–2017)," U.S. Department of Justice online, July 11, 2018, https://www.justice.gov/pardon/obama-pardons.

35. 相關引言出處：Clark Hoyt, "Ford's Burial of Watergate Only Revives It," *Philadelphia Inquirer*, September 11, 1974, 5, and "The Failure of Mr. Ford," editorial, *New York Times*, September 9, 1974, 34.

36. 本句及下句引言出處：Linda Mathews, "Aide Says Ford Won't Grant Pardon If Nixon Is Prosecuted," *Los Angeles Times*, August 11, 1974, 1.

37. 參見 Mitchell Lynch and Albert Hunt, "Ford Pardons Nixon; Move on Watergate Jolts His Honeymoon," *Wall Street Journal*, September 9, 1974, 1.

38. Warren Weaver Jr., "Cox's Ouster Ruled Illegal; No Reinstatement Ordered," *New York Times*, November

15, 1973, 1.

39. Chris Cillizza, "Donald Trump's 'Pardon' Tweet Tells Us a Lot About Where His Head Is At," CNN online, June 4, 2018, https://www.cnn.com/2018/06/04/politics/donald-trump-tweet-pardon/index.html.

40. Adam Liptak, "Supreme Court Rules Trump Cannot Block Release of Financial Records," *New York Times* online, July 9, 2020, https://www.nytimes.com/2020/07/09/us/trump-taxes-supreme-court.html?searchResultPosition=1.

41. Garrett Epps, "Can Trump Pardon Himself?," *Atlantic* online, December 17, 2018, https://www.theatlantic.com/ideas/archive/2018/12/can-trump-pardon-himself/578074.

42. Philip Bump, "Could Trump Issue Himself a Pardon?," *Washington Post* online, May 24, 2017, https://www.washingtonpost.com/news/politics/wp/2017/05/24/could-trump-issue-himself-a-pardon.

43. 本段關於州政府特赦的安排，詳細資料出處：Kristen H. Fowler, "Limiting the Federal Pardon Power," *Indiana Law Journal* 83, no. 4 (Fall 2008): 1661ff.

第4章

1. 故事及引言出處：Boryana Dzhambazova, "Facebook's Group Push for Safe Land Passage for Migrants Founders," *New York Times* online, September 19, 2015, https://www.nytimes.com/2015/09/20/

world/facebook-groups-push-for-safe-land-passage-for-migrants-founders.html.

2. 本句及本段中其他引言出處：“On the Road to Sanctuary,” *Washington Post*, September 8, 2015, A8.
3. Patrick Kinglsey, “Is Trump’s America Tougher on Asylum Than Other Western Countries?,” *New York Times* online, September 14, 2019, https://www.nytimes.com/2019/09/14/world/europe/trump-america-asylum-migration.html?searchResultPosition=1.
4. 本句及下句引言出處：Dzhambazova, “Facebook’s Group Push for Safe Land Passage.”
5. Kirk Bansak, Jens Hainmueller, and Dominik Hangartner, “How Economic, Humanitarian, and Religious Concerns Shape European Attitudes Toward Asylum Seekers,” *Science* 354, no. 6309 (October 14, 2016): 217–22.
6. Kim Hjelmgaard, “Trump Isn’t the Only One Who Wants to Build a Wall. These European Nations Already Did,” *USA Today* online, May 24, 2018, https://www.usatoday.com/story/news/world/2018/05/24/donald-trump-europe-border-walls-migrants/532572002.
7. 本句及下句是依據 Joshua J. Mark, “Hadrian’s Wall,” Ancient History Encyclopedia, November 15, 2012, https://www.ancient.eu/Hadrians_Wall.
8. 感謝吾友肯・加貝德（Ken Garbade）提供此例。參見 Keith Ray, “A Brief History of Offa’s Dyke,” HistoryExtra, April 25, 2016, https://www.historyextra.com/period/anglo-saxon/a-brief-history-of-offas-dyke.

9. 參見 Ran Abramitzky and Leah Boustan, "Immigration in American Economic History," *Journal of Economic Literature* 55, no. 4 (December 2017): 1311–45.
10. 同上。
11. "Historical Highlights: The Immigration Act of 1924," U.S. House of Representatives History, Art & Archives, https://history.house.gov/Historical-Highlights/1901-1950/The-Immigration-Act-of-1924.
12. "The Immigration Act of 1924 (The Johnson-Reed Act)," U.S. Department of State Office of the Historian online, https://history.state.gov/milestones/1921-1936/immigration-act.
13. Kristofer Allerfeldt, " 'And We Got Here First': Albert Johnson, National Origins and Self-Interest in the Immigration Debate of the 1920s," *Journal of Contemporary History* 45, no. 1 (January 2010): 20.
14. 本句引言對難民的定義是依據聯合國文獻 *Convention and Protocol Relating to the Status of Refugees* (Geneva: United Nations High Commissioner for Refugees, December 2010), 14, https://www.unhcr.org/en-us/protection/basic/3b66c2aa10/convention-protocol-relating-status-refugees.html.
15. Ronda Robinson, "Survivor of the Voyage of the Damned," Aish Hatorah Holocaust Studies, October 8, 2015, https://www.aish.com/ho/p/Survivor-of-the-Voyage-of-the-Damned.html.
16. 參見 Ian McShane, "Voyage of the Damned: MV St. Louis," *Sea Classics* 45, no. 1 (January 2012): 18.
17. 本段細節出處：R. Hart Phillips, "Cuba Orders Liner and Refugees to Go," *New York Times*, June 1, 1939, 1, and "Refugees Returning to Reich as All Doors Close; Final Appeals to Cuba," *Jewish Advocate*,

June 9, 1939, 1.
18. Robinson, "Survivor of the Voyage of the Damned."
19. George Axelsson, "907 Refugees End Voyage in Antwerp," *New York Times*, June 18, 1939, 1.
20. R. Hart Phillips, "907 Refugees Quit Cuba on Liner; Ship Reported Hovering off Coast," *New York Times*, June 3, 1939, 1, and Associated Press, "Refugee Liner Cruising About Florida Coast," *Boston Globe*, June 5, 1939, 1.
21. Associated Press, "Ship Sails Back with 907 Jews Who Fled Nazis," *Chicago Daily Tribune*, June 7, 1939, 12.
22. Amy Tikkanen, "MS St. Louis: German Ocean Liner," *Encyclopedia Britannica* online, https://www.britannica.com/topic/MS-St-Louis-German-ship.
23. James Besser, "Exploring 'Ship of the Damned,' " *Jewish Week* online, April 16, 1999, https://jewishweek.timesofisrael.com/exploring-ship-of-the-damned.
24. "The Righteous Among the Nations: Gustave Schroeder," Yad Vashem (the World Holocaust Remembrance Center) online, https://www.yadvashem.org/righteous/stories/schroeder.html.
25. 聖路易斯號乘客死於猶太大屠殺的人數統計數字，取自：Tikkanen, "MS St. Louis: German Ocean Liner."
26. 參見 Associated Press, "Refugee Liner Cruising About Florida," 1.

27. 參見 “Refugees Returning to Reich,” 1.
28. Besser, “Exploring ‘Ship of the Damned.’ ”
29. 參見 “States Parties to the 1951 Convention Relating to the Status of Refugees and the 1967 Protocol,” United Nations High Commissioner for Refugees (UNHCR) online, April 2015, https://www.unhcr.org/protect/PROTECTION/3b73b0d63.pdf.
30. 本段及下一段細節均參考 Griff Witte, “In Heart of Europe, Migrants Offer a One-Stop Tour of Worldwide Misery,” *Washington Post* online, November 27, 2014, https://www.washingtonpost.com/world/europe/in-heart-of-europe-migrants-offer-a-one-stop-tour-of-worldwide-misery/2014/11/26/cff5fc3e-5933-11e4-9d6c-756a229d8b18_story.html.
31. 同上。
32. 同上。
33. 本段細節是依據 Craig R. Whitney, “Human Tides: The Influx in Europe—A Special Report. Europeans Look for Ways to Bar Door to Immigrants,” *New York Times*, December 29, 1991, A1.
34. 同上。
35. 同上。
36. 參見 James Traub, “The Death of the Most Generous Nation on Earth,” *Foreign Policy* online, February 20, 2016, https://foreignpolicy.com/2016/02/10/the-death-of-the-most-generous-nation-on-earth-sweden-

syria-refugee-europe.

37. 本句及下句引言出處同上。

38. “Australia’s Refugee Problem,” editorial, *New York Times* online, July 4, 2014, https://www.nytimes.com/2014/07/05/opinion/australias-refugee-problem.html?searchResultPosition=1.

39. “Australia Sends Asylum-Seekers to Nauru, as India Offer Refused,” *Economic Times* online, August 2, 2014, https://economictimes.indiatimes.com/news/politics-and-nation/australia-sends-asylum-seekers-to-nauru-as-india-offer-refused/articleshow/39469692.cms.

40. “Australia’s Refugee Problem,” editorial.

41. 本句及下句引言出處：Lloyd Jones, “Amnesty Slams Australian Boat Turn-Back Policy,” EFE News Service online, June 13, 2017, https://www.efe.com/efe/english/world/amnesty-slams-australian-boat-turn-back-policy/50000262-3294519.

42. Craig Furini, “Return of 13 Potential Illegal Immigrants to Sri Lanka” (transcript), Australian Government Operation Sovereign Borders online, https://osb.homeaffairs.gov.au/#.

43. 國宴相關細節出處：Michael Collins, “After a Rocky Start with the Aussies, Donald Trump Hosts State Dinner for PM Scott Morrison,” *USA Today* online, September 20, 2019, https://www.usatoday.com/story/news/politics/2019/09/20/state-dinner-trump-hosts-australian-prime-minister-scott-morrison/2344441001.

44. 致詞的完整文字紀錄參見 Nina Zafar and Caitlin Moore, “Full Transcript: The Toasts of President

Trump and Prime Minister Scott Morrison at the State Dinner for Australia," *Washington Post* online, September 20, 2019, https://www.washingtonpost.com/arts-entertainment/2019/09/21/full-transcript-toasts-president-trump-prime-minister-scott-morrison-state-dinner-australia.

45. 本句及下句引言出處：Luke Henriques-Gomes, "Donald Trump Says 'Much Can Be Learned' from Australia's Hardline Asylum Seeker Policies," *Guardian* (U.S. edition) online, June 27, 2019, https://www.theguardian.com/us-news/2019/jun/27/donald-trump-says-much-can-be-learned-from-australias-hardline-asylum-seeker-policies.
46. "Prime Minister Snags Stunning Election Win on 'Quiet Australians,' " *New York Times*, May 19, 2019, A8.
47. Russell Goldman and Damien Cave, "U.N. Sees 'Emergency' in the Pacific," *New York Times*, November 3, 2017, A9.
48. 本句及下句引言出處：Damien Cave, "A Timeline of Despair in Australia's Offshore Detention Centers," *New York Times* online, June 26, 2019, https://www.nytimes.com/2019/06/26/world/australia/australia-manus-suicide.html?searchResultPosition=1.
49. 同上。
50. 本段討論內容與其餘引言出處：Shahram Khosravi, "Sweden: Detention and Deportation of Asylum Seekers," *Race & Class* 50, no. 4 (2009): 38–56.

51. Didier Fassin and Estelle d'Halluin, "The Truth from the Body: Medical Certificates as Ultimate Evidence for Asylum Seekers," *American Anthropologist* 107, no. 4 (December 2005): 600.
52. 同上，599.
53. 歐盟的申請人資料出處：“Eurostat Statistics Explained: Asylum Statistics,” European Commission online, September 2, 2020, https://ec.europa.eu/eurostat/statistics-explained/index.php/Asylum_statistics.
54. 本句引言及本段其他引言出處：Sally Kestin and Tom Collie, "Flight from Poverty: Many Share the View of a Grand Bahama Human Rights Association Secretary; 'When You Have Nothing, You Have Nothing to Lose,' " *South Florida Sun-Sentinel*, November 3, 2002, 1A.
55. 同上。

第5章

1. Josh Moon, "Bus Boycott Took Planning, Smarts," *Montgomery (AL) Advertiser* online, November 29, 2015, https://www.montgomeryadvertiser.com/story/news/local/blogs/moonblog/2015/11/29/bus-boycott-took-planning-smarts/76456904.
2. Burt Wade Cole, "Parks Recalls '55 Bus Protest," *Hartford (CT) Courant*, July 15, 1984, H10E.
3. 二〇二〇年十二月，在格雷年屆九十之際，蒙哥馬利市長提議將一街道改以他為名，藉以表彰他的貢獻。參見 Elaina Plott, "For a Civil Rights Hero, 90, a New Battle Unfolds on His Childhood Street," *New York Times*, December 26, 2020, A1.

4. 格雷描述出處："Alabama Bus Boycotters Sing 'My Country Tis of Thee,' " *Baltimore Afro-American*, February 11, 1956, A1.
5. Fred Gray, *Bus Ride to Justice: Changing the System by the System* (Montgomery, AL: New South Books, 1995), 5.
6. 本句及下段其他引言出處："Tired of Being Treated like Dogs," *Baltimore Afro-American,* March 31, 1956, 6.
7. 本句及下句引言出處："Why Do We Have to Get Kicked Around?," *Baltimore Afro-American*, May 26, 1956, 19.
8. "People, Places, and Things," *Chicago Defender*, April 2, 1955, 8.
9. 本句引言出處：Gray, *Bus Ride to Justice*, 47.
10. 民權鬥士稱號出處：同上，28.
11. Rosa Parks with Jim Haskins, *Rosa Parks: My Story* (New York: Puffin, 1999), 73.
12. Gray, *Bus Ride to Justice*, 28.
13. 決定捨棄科爾文的緣由，是採用以下書籍所述版本：Jeanne Theoharis, *The Rebellious Life of Mrs. Rosa Parks* (Boston: Beacon Press, 2013), 57. 帕克斯（Parks with Haskins, *Rosa Parks*, 112）曾寫道：

「一切都進行得很順利，直到尼柯森先生發現科爾文懷孕。」Theoharis（頁五八）主張尼柯森根據科爾文的個性做出捨棄的決定後，才傳出科爾文懷孕的消息。

14. 本句及下句引言出處：Rosa Parks, interview by E. D. (Edgar Daniel) Nixon for *America They Loved You Madly,* a precursor to *Eyes on the Prize*, February 23, 1979. 討論內容著重在聯合抵制蒙哥馬利公車運動。影片與文字紀錄可見 University Libraries online, Washington University in St. Louis, http://repository.wustl.edu/concern/videos/v405sc21t.
15. 參見 Parks with Haskins, *Rosa Parks*, 112.
16. 生平介紹出處：同上，3–21.
17. 同上，15.
18. 本句及本段其他引言出處：同上，16.
19. 本句及本段其他引言出處：同上，30–31.
20. 同上，56.
21. 本句及下句引言出處：同上，58–59.
22. Theoharis, *Rebellious Life of Mrs. Rosa Parks*, 29.
23. Ervin Dyer, "She Recalls Civil Rights Struggles in Alabama," *Pittsburgh-Post Gazette*, February 7, 2006, B-1.
24. 事件發生始末及引言出處：Parks with Haskins, *Rosa Parks*, 115–16.

25. 同上，115，當中提到她想起外祖父的槍。
26. 同上，112–13.
27. 同上，115–16.
28. "1,000 Hear Heroine of Alabama," *Baltimore Afro-American*, October 6, 1956, 8.
29. Parks with Haskins, *Rosa Parks*, 77.
30. 對話出處：同上，116.
31. 交談內容出處：同上，121.
32. 本句及下句引言出處：同上，123.
33. 抵制運動有賴多人合力策劃，雖然背後出力者眾多，但帕克斯與格雷都認為尼柯森是其中的要角（尼柯森也的確扮演主導的角色）。本文即根據兩人所述來述說此事件。
34. 出處：Parks, interview by Nixon, February 23, 1979. 引言經過編輯，刪去重複字眼，除此之外均為逐字稿。
35. Parks with Haskins, *Rosa Parks*, 125.
36. 同上，124.
37. Theoharis, *Rebellious Life of Mrs. Rosa Parks*, 76.
38. "The Ghost of Emmett Till," editorial, *New York Times* online, July 31, 2005, https://www.nytimes.com/2004/03/22/opinion/the-ghost-of-emmett-till.html?searchResultPosition=1.

39. 本句及本段其他引言出處：Parks, interview by Nixon, February 23, 1979. 引言經過編輯，加入刪節號，除此之外均為逐字稿。
40. 本版本的事件敘述出處：Gray, *Bus Ride to Justice*, 40–41. 另請參見 Theoharis, *Rebellious Life of Mrs. Rosa Parks*, 80，其對事件的描述略有不同。
41. 出處：Jo Ann Robinson, interview by Orlando Bagwell for *America They Loved You Madly*, a precursor to *Eyes on the Prize*, August 27, 1979. 影片與文字紀錄可見 University Libraries online, Washington University in St. Louis, http://repository.wustl.edu/concern/videos/37720f54k.
42. 為以下資料來源的濃縮版：Parks with Haskins, *Rosa Parks*, 130.
43. 三點打電話一事出處：Theoharis, *Rebellious Life of Mrs. Rosa Parks*, 80.
44. 本句引言出處：Parks, interview by Nixon, February 23, 1979.
45. 同上。
46. 參見同上出處，以及 Parks and Haskins, *Rosa Parks*, 127.
47. Jannell McGrew, "Rosa Parks' Childhood Friend, Civil Rights Leader Recalls Montgomery Bus Boycott," *Montgomery (AL) Advertiser* online, December 4, 2018, https://www.montgomeryadvertiser.com/story/news/2018/12/04/johnnie-carr-voices-montgomery-bus-boycott/2206476002.
48. Joe Azbell, "Negro Groups Ready Boycott of City Lines," *Montgomery (AL) Advertiser*, December 4, 1955, 1.

49. 同上。
50. 本句引言出處：Parks, interview by Nixon, February 23, 1979.
51. Al Benn, " 'None of Us Knew Where It Was Going to Lead': Reporter Recalls the Early Days of the Bus Boycott," *Montgomery (AL) Advertiser* online, December 4, 2018, https://www.montgomeryadvertiser.com/story/news/2018/12/04/montgomery-bus-boycott-how-did-white-newspapers-cover-civil-rights-movement/2197482002.
52. 估計數字及引言出處：Joe Azbell, "5,000 at Meeting Outline Boycott; Bullet Clips Bus," *Montgomery Advertiser*, December 6, 1955, 1.
53. Gray, *Bus Ride to Justice*, 57.
54. Associated Press, "Buses Boycotted Over Race Issue; Montgomery, Ala., Negroes Protest Woman's Arrest for Defying Segregation," *New York Times*, December 6, 1955, 31.
55. Parks with Haskins, *Rosa Parks*, 132.
56. Parks, interview by Nixon, February 23, 1979.
57. Parks with Haskins, *Rosa Parks*, 138.
58. 本句及下句引言出處：Martin Luther King's complete speech，取自 "MIA Mass Meeting at Holt Street Baptist Church" (December 5, 1955, Montgomery, Alabama) (transcript), Martin Luther King Jr. Paper Project, Martin Luther King Jr. Research and Education Institute online, Stanford University,

available at https://kinginstitute.stanford.edu/king-papers/documents/mia-mass-meeting-holt-street-baptist-church.

59. 同上。
60. Parks with Haskins, *Rosa Parks*, 140.
61. 本句及下段引言出處：Associated Press, "Peace Parley Fails in Bus Boycott," *Oakland Tribune*, December 9, 1955, E13.
62. "Boycott Still On; Bus Co. Loses $3,000 Daily," *Baltimore Afro-American*, December 17, 1955, 1.
63. "Bus Boycott Gets Tighter," *Baltimore Afro-American*, December 31, 1955, 1.
64. "Boycott Still On," 1.
65. "Alabama Bus Boycott Forces Boost in Fares," *Chicago Defender*, January 21, 1956, 4.
66. 參見 "Jail Bus Boycott Leader," *Baltimore Afro-American*, February 4, 1956, 1.
67. 同上。
68. Associated Press, "Blast at Negro's Home; Bomb Is Thrown in Yard of Montgomery Leader," February 2, 1956, *New York Times*, 26.
69. 本句引言出處："Jail Bus Boycott Leader," 1.
70. 本段敘述參考資料：Theoharis, *Rebellious Life of Mrs. Rosa Parks*, 101.
71. 同上。

72. 本句及下段引言出處：Paul Hendrickson, “Montgomery; The Supporting Actors in the Historic Bus Boycott,” *Washington Post*, July 24, 1989, B1.
73. “Montgomery, Ala, Bus Boycott Ends as Court Order Bars Segregation,” *Washington Post*, December 21, 1956, A3.
74. Associated Press, “Negroes Will Ride Montgomery Buses in Bias Test Today,” *New York Times*, December 21, 1956, 1.
75. Theoharis, *Rebellious Life of Mrs. Rosa Parks*, 82.
76. Parks with Haskins, *Rosa Parks*, 175.
77. 出處：A speech by Martin Luther King, Monmouth College, NJ, October 6, 1966 (transcript), https://www.monmouth.edu/about/wp-content/uploads/sites/128/2019/01/MLKJrSpeechatMonmouth.pdf.
78. U.S. Federal News Service, “Sen. Reid Tribute to Rosa Parks,” October 25, 2005.

第6章

1. Katie Thomas and Denise Grady, “Trump’s Embrace of a Drug Goes Against Science,” *New York Times*, March 21, 2020, 13.
2. 本句及下兩句引言出處：Rita Rubin, “Unapproved Drugs Ignite Life-and-Death Debate; Lawsuit Pits

Desperately Ill Against Hard Bureaucratic Realities," *USA Today*, April 2, 2007, A1.

3. Maria Cheng, "Experimental Treatments Attack Cancer: In Britain, Terminally Ill May Be Able to Try New Drugs; In U.S. All Study Designs Must Have FDA Approval," *St. Louis Post-Dispatch*, April 20, 2008, A6.
4. 本段資料出處："Pioneering Treatment: Forestville Doctor Battling Brain Cancer First to Have Focused-Ultrasound Procedure," *Press Democrat* (Santa Rosa, CA), April 10, 2014, B1.
5. 同上。
6. 同上。
7. 參見 "Peter Rolf Baginsky" (obituary), *Press Democrat* (Santa Rosa, CA), November 30, 2014 available at Legacy, https://www.legacy.com/obituaries/pressdemocrat/obituary.aspx?n=peter-rolf-baginsky&pid=173321455.
8. "Pioneering Treatment," B1.
9. 參見 "Peter Rolf Baginsky" (obituary).
10. 參見 "FDA Approves Focused Ultrasound for Tremor-Dominant Parkinson's Disease," Focused Ultrasound Foundation online, December 19, 2018, https://fusfoundation.org/the-foundation/news-media/fda-approves-focused-ultrasound-for-tremor-dominant-parkinsons-disease.
11. 本句及下句引言出處：the video "A Message from Alex Trebek," YouTube, 1:13, *Jeopardy!*, March 6,

2019, https://www.youtube.com/watch?v=7cInGyxCY9k.

12. 參見 "Alex Trebek Without Pants?," YouTube, 0:43, monkeydog sushi, uploaded February 13, 2007, https://www.youtube.com/watch?v=1zWagEnd9Xs.

13. Marianne Garvey, "Alex Trebek Discusses the Latest in His Cancer Battle," CNN online, December 30, 2019, https://www.cnn.com/2019/12/30/entertainment/alex-trebek-cancer-battle-trnd /index.html.

14. 數據出處：Kiran K. Khush et al., "The International Thoracic Organ Transplant Registry of the International Society for Heart and Lung Transplantation: Thirty-fifth Adult Heart Transplantation Report—2018; Focus Theme: Multiorgan Transplantation," *Journal of Heart and Lung Transplantation* 37, no. 10 (October 1, 2018): 1157.

15. "Vanguard's Bogle Waiting for Transplant," *USA Today*, October 25, 1995, B2.

16. 本句及下段引言出處："Nightly Business Report," CEO Wire, Waltham, November 25, 2004.

17. 本段及下段敘述及引言出處：Erin Arvendlund, "Vanguard Founder Bogle and Surgeons Gather for a Heart-Transplant Reunion," *Philadelphia Inquirer* online, February 21, 2017, https://www.inquirer.com/philly/business/personal_finance/87-Yr-Old-Vanguard-Founder-John-Bogle-Hearts-His-Heart-Transplant.html.

18. 本段及下段敘述參考資料：Steven Ginsberg, "One Life Galvanizes Thousands; Out of Options, Va. Woman Fights for Experimental Cancer Drugs," *Washington Post*, May 7, 2001, B1.

19. 同上。
20. 同上。
21. 同上。
22. Steven Ginsberg, " 'We've Gone from Hopeless to Hope'; U-Va. Student Battling Rare Form of Cancer Gets Into Experimental Drug Program," *Washington Post*, June 6, 2001, B3. 柏洛茲獲准參與紐約市尤寧代爾鎮（Uniondale）一家小藥廠 OSI Pharmaceuticals 的計畫，並獲准參與阿斯特捷利康公司的一項新試驗計畫。
23. Steven Ginsberg, "Student Dies After Fight with Drug Firms; Cancer Patient, 21, Sought Alternatives," *Washington Post*, June 12, 2001, B7.
24. Ginsberg, " 'Hopeless to Hope,' " B3.
25. Valerie A. Palda et al., " 'Futile' Care: Do We Provide It? Why? A Semistructured, Canada-Wide Survey of Intensive Care Unit Doctors and Nurses," *Journal of Critical Care* 20, no. 3 (2005): 210.
26. Ginsberg, " 'Hopeless to Hope,' " B3.
27. 本句及本段其他引言出處：Lindy Willmot et al., "Reasons Doctors Provide Futile Treatment at the End of Life: A Qualitative Study," *Journal of Medical Ethics* 42, no. 8 (August 2016): 496 and 499.
28. 本句及下句引言出處：Thanh N. Huynh et al., "The Opportunity Cost of Futile Treatment in the ICU," *Critical Care Medicine* 42, no. 9 (September 2014): 1981.

29. Peter Sands et al., "The Neglected Dimension of Global Security—A Framework for Countering Infectious-Disease Crises," *New England Journal of Medicine* 374, no. 13 (March 31, 2016): 1281–87.
30. 同上，1281.
31. 同上。
32. 最有力的評論出自勞倫斯・薩默斯（Lawrence H. Summers）的部落格：Lawrence H. Summers, "This Is a Global Threat as Big as Climate Change," *Wonkblog* (blog), *Washington Post*, January 13, 2016, https://www.washingtonpost.com/news/wonk/wp/2016/01/13/this-is-a-global-threat-as-big-as-climate-change.
33. 本句及下句引言出處：Sands et al., "Neglected Dimension of Global Security," 1284.
34. Summers, "Global Threat."
35. Sands et al., "Neglected Dimension," 1284.
36. *Mitigating the Impact of Pandemic Influenza Through Vaccine Innovation* (Washington, D.C.: Council of Economic Advisers, September 2019), https://www.hsdl.org/?view&did=831583.
37. 同上，3.
38. 同上。
39. 同上，36.
40. "Council of Economic Advisers," Employment Act of 1946：相關資料可見 Council of Economic Advisers

online, https://www.whitehouse.gov/cea. 關於一九四六年就業法的精闢討論請參見 "Employment Act of 1946," Federal Reserve History, November 22, 2013, https://www.federalreservehistory.org/essays/employment-act-of-1946.

41. *Mitigating the Impact of Pandemic Influenza*, 1.

42. 二〇一九年九月十九日，恰逢 CEA 報告發布之日，美國總統川普簽署了一道名為「推動美國流感疫苗現代化以利促進國家安全與公共衛生」的行政命令，其旨在延續自二〇〇五年以來聯邦機構所進行的疫苗相關工作。該項行政命令亦指示設立國家流感疫苗任務小組（National Influenza Vaccine Task Force），要求其在一百二十天內提交一份報告，於當中擬定五年國家計畫以「推動使用更敏捷且可擴充性更高的疫苗製造技術，加速開發可對抗眾多或所有流感病毒的疫苗」。該份報告的提交期限為二〇二〇年一月十九日，但在公共媒體無法搜尋到該份報告。背景資訊可參見 Targeted News Service, "President Trump Issues Executive Order on Modernizing Influenza Vaccines in U.S. to Promote National Security, Public Health," September 19, 2019, and Sarah Owermohle and Sarah Karlin-Smith, "Pelosi's Plan Has Landed," Politico, September 20, 2019.

43. 本句引言出處：Gina Kolata, *Flu: The Story of the Great Influenza Pandemic of 1918 and the Search for the Virus That Caused It* (New York: Farrar, Straus and Giroux, 1999), 143.

44. Roger W. Evans, "Health Care Technology and the Inevitability of Resource Allocation and Rationing Decisions," *Journal of the American Medical Association* (*JAMA*) 249, no. 16 (April 22/29, 1983): 2208.

45. 美國衛生及公共服務部（Department of Health and Human Services）負責管理美國國家戰略儲備系統（Strategic National Stockpile，簡稱ＳＮＳ）。該系統的立意是將其物資用於因應獨立事件，如規模較小、程度有限的流離失所情形，或地方性的災害，例如颶風或恐怖攻擊等。根據《紐約時報雜誌》（二〇二〇年十一月二十二日，頁二四）報導：「二〇〇九年在對抗 H1N1 疫情時，歐巴馬政府從ＳＮＳ發放了八千五百萬台呼吸器，儘管受到提醒，之後仍未有效補充儲備量。而川普政府忽視了公衛官員的警告，亦未補足儲備量。疫情模擬測試顯示，倘若疫情真的來襲，美國將嚴重缺乏個人防護裝備，招致悲慘後果。」

第7章

1. Heather Long, “How We Turned $500,000 into $1.3 Million in a Month,” CNN Business online, November 18, 2015, https://money.cnn.com/2015/11/18/investing/td-ameritrade-investing-competition-winners-zac-rankin/index.html.
2. 同上。
3. 關於李森的描述，請參見 “Trader Sent to Clean Up Backroom Woes Left a Globe Rattling Mess,” *Wall Street Journal*, February 28, 1995, A3.
4. Nick Leeson with Edward Whitley, *Rogue Trader: The Original Story of the Banker Who Broke the*

System (London: Little Brown, 1996), 45.

5. 本句及下段引言出處：同上，28.
6. 同上，29.
7. John Darnton, "Inside Barings, a Clash of Two Banking Eras," *New York Times*, March 6, 1995, A1.
8. 細節請參見 Stephen Fay, *The Collapse of Barings* (New York: W. W. Norton, 1996), 10.
9. 關於紓困的精闢討論可參見 Eugene N. White, "How to Prevent a Banking Panic: The Barings Crisis of 1890" (paper presented at the Annual Meeting of the Economic History Association, Boulder, CO, September 16–18, 2016), https://www.eh.net/eha/wp-content/uploads/2016/08/White.pdf.
10. 根據 Leeson with Whitley, *Rogue Trader*, 50，李森聲稱他在 Simex 交易的第二年才進行投機交易，但根據 *The Report of the Inspectors Appointed by the Minister of Finance* (Singapore, Ministry of Finance, 1995), 20, para. 3.13 (*Singapore Report* going forward), https://eresources.nlb.gov.sg/printheritage/detail/afc97ab2-d21f-470e-a1c1-4c2de3c57854.aspx，他一開始就立即進行投機交易。
11. 關於獎金薪水三比一的比例，請參見 *Report of the Board of Banking Supervision Inquiry into the Circumstances of the Collapse of Barings* (*Banking Report* going forward) (London: Her Majesty's Stationery Office [HMSO], July 18, 1995), 35, paras. 2.81–2.85, https://assets.publishing.service.gov.uk/government/uploads/system/uploads/attachment_data/file/235622/0673.pdf.
12. Leeson with Whitley, *Rogue Trader*, 172.

13. 同上，63.
14. 關於李森所提套利策略的討論請參見 *Banking Report*, 44, paras. 3.35–3.39.
15. 參見 Stephen Quinn, "Gold, Silver, and the Glorious Revolution: Arbitrage Between Bills of Exchange and Bullion," *Economic History Review* 49, no. 3 (August 1996): 473–90.
16. 參見 *Banking Report*, 199, para. 12.34.
17. Leeson with Whitley, *Rogue Trader*, 99.
18. 同上，108–9.
19. 在一九九二年七月與一九九五年二月之間，李森隱藏的八八八八八錯誤帳戶累計虧損，每月均列報於「新加坡報告」的附錄 3K。截至一九九二年十二月的虧損為三・七七億日圓，以一百二十五日圓兌一美元換算，相當於三百萬美元，而以一・五美元兌一英鎊換算，相當於二百萬英鎊。一九九三年的數字來自於列報的四十億二千三百萬日圓損失，以年末匯率換算，相當於二千四百萬英鎊（約新台幣八億八千八百萬元）。
20. 李森託辭的概述請參見 *Banking Report*, 8, paras. 1.42–1.48。細節請參見 Section 5, 6 (78–118)。
21. Leeson with Whitley, *Rogue Trader*, 88.
22. 對於李森假帳的正式分析請參見 Edward J. Kane and Kimberly DeTrask, "Breakdown of Accounting Controls at Barings and Daiwa: Benefits of Using Opportunity-Cost Measures for Trading Activity," *Pacific-Basin Finance Journal* 7, nos. 3/4 (August 1999): 203–28.

23. Leeson with Whitley, *Rogue Trader*, 113.
24. 參見 *Banking Report*, 146, para. 9.21.
25. 同上，147.
26. 列報於「新加坡報告」附錄 3K 的八八八八八帳戶累積虧損額二百五十五億五千二百萬日圓，以年末主要匯率換算，相當於一億六千四百萬英鎊（約新台幣六十億六千八百萬元）。
27. Leeson with Whitley, *Rogue Trader*, 109.
28. Benjamin Weiser, "Wall Street Weighs Its Own Vulnerability to Rogue Traders," *Washington Post*, February 28, 1997, C1.
29. 對於李森加倍策略的正式分析請參見 Stephen J. Brown and Onno W. Steenbeek, "Doubling: Nick Leeson's Trading Strategy," *Pacific Basin Finance Journal* 9, no. 2: (April 2001).
30. 參見 *Banking Report*, 61, para. 4.2. 在超過一億英鎊（約新台幣三十七億元）的虧損中，包含日經期貨虧損三千四百萬英鎊，期權虧損六千九百萬英鎊。
31. 相關敘述請參見同上，61–62, paras. 4.24–4.27。損失估值取自「新加坡報告」附錄 3K。依該附錄記載，二月底時虧損額約為一千三百五十四億日圓（以主要匯率換算相當於八．八六億英鎊）。霸菱當時資本額為四億六千五百萬英鎊（約新台幣一百六十八億元），出處：*Singapore Report*, 100, para. 13.23.
32. 參見同上，154, para. 17.25.

33. "Britain's Barings PLC Bets on Derivatives—And the Cost Is Dear," *Wall Street Journal*, February 27, 1995, A1.
34. Nicholas Bray, "Barings Was Warned Controls Were Lax but Didn't Make Reforms in Singapore," *Wall Street Journal*, March 2, 1995, A3.
35. *Banking Report*, 50, para. 3.65.
36. Leeson with Whitley, *Rogue Trader*, 250.
37. Saul Hansell, "For Rogue Traders, Yet Another Victim," *New York Times*, February 28, 1995, D1.
38. Barbara Sullivan and Ray Moseley, "Old Bank, Modern Scandal," *Chicago Tribune*, February 28, 1995, D1.
39. *Banking Report*, 8, para. 1.45.
40. 參見 John Gapper and Nicholas Denton, *All That Glitters: The Fall of Barings* (London: Penguin, 1996), 330.
41. "Leeson Loses Barings," *Wall Street Journal*, February 28, 1995, A20.
42. 本句及下句引言出處：Associated Press, "Singapore Sentences Leeson to 6? Years in Prison," *New York Times*, December 2, 1995, A35.
43. 本句及下句引言出處：Michael Lewis, *Liar's Poker: Rising Through the Wreckage on Wall Street* (New York: W. W. Norton, 1989), 155, 157.

44. 同上，157.

45. Steve Swartz, "Merrill Lynch Trader Blamed in Big Loss Had Been Under Supervision, Aides Say," *Wall Street Journal*, May 1, 1987, 6.

46. Steve Swartz, "Merrill Lynch Posts $250 Million of Mortgage-Issue Trading Losses," *Wall Street Journal*, April 30, 1987, 2.

47. Michael A. Hiltzik, "Merrill Lynch Has Bond Loss of $250 Million," *Los Angeles Times*, April 30, 1987, C1.

48. James Sterngold, "Anatomy of a Staggering Loss," *New York Times*, May 11, 1987, D1.

49. Alison Leigh Cowan, "2 Resign at Merrill," *New York Times*, May 20, 1987, D6.

50. Steve Swartz, "Bear Stearns Hires Trader Blamed by Merrill for Loss," *Wall Street Journal*, November 4, 1987, 42.

51. 本句及下句引言出處：Michael Siconolfi, "Talented Outsiders: Bear Stearns Prospers Hiring Daring Traders That Rival Firms Shun," *Wall Street Journal*, November 11, 1993, A1.

52. Justin Bear, "Ex-Bear Stearns CEO Is Off Wall Street but Still Mixing It Up at the Bridge Table," *Wall Street Journal* (online), March 17, 2018, https://www.wsj.com/articles/ex-bear-stearns-ceo-off-wall-street-but-still-mixing-it-up-at-the-bridge-table-1521288000.

53. Matt Egan, "The Stunning Downfall of Bear Stearns and Its Bridge-Playing CEO," CNN Business online,

September 30, 2018, https://www.cnn.com/2018/09/30/investing/bear-stearns-2008-crisis-jimmy-cayne/index.html.

第8章

1. 參見 Richard Evans, "Why Did Stauffenberg Plant the Bomb?," *Suddeutsche Zeitung*, January 23, 2009, available at http://www.signandsight.com/features/1824.html，討論史陶芬堡的哲學和他對談判和平的渴望。
2. 參見 Ian Kershaw, *Hitler, 1936–1945 Nemesis* (New York: W. W. Norton, 2000), 693.
3. Percy Ernst Schramm, *Hitler: The Man & the Military Leader* (Chicago: Academy Chicago Publishers, 1981), 163.
4. 本句及下句引言出處："Eisenhower to His Troops: 'Defeat Nazi Final Gamble,' " *Christian Science Monitor*, December 22, 1944, 1.
5. 該場會議之紀錄可見 Gerhard L. Weinberg, Helmut Heiber, and David M. Glantz, *Hitler and His Generals: Military Conferences 1942–1945* (New York: Enigma Books, 2003), 444–63.
6. 本段及下段引言出處：同上，446–47 and 450.
7. 該事件及其後引言出處：Seymour Freiden and William Richardson, eds., *The Fatal Decisions* (New

York: Berkley, 1956), 203–4.

8. 同上，206.
9. Schramm, *Hitler*, 168.
10. 本段引言取自一九四四年八月三十一日會議之紀錄，出處：Weinberg, Heiber, and Glantz, *Hitler and His Generals*, 466–67.
11. Schramm, *Hitler*, 176.
12. 該會議之描述是根據多項資料來源彙整而成：(1) Werner Kreipe, *The Personal Diary of Gen. Fl. Kreipe, Chief of the Luftwaffe General Staff During the Period 22 July–2 November 1944* (n.p., 1947); (2) Charles V. P. von Luttichau, "The German Counteroffensive in the Ardennes," chap. 20 in *Command Decisions* (Washington, D.C.: Center of Military History, U.S. Army, 1960); (3) Hugh M. Cole, *The Ardennes, Battle of the Bulge* (Washington, D.C.: Center of Military History, US Army, 1993; (4) Peter Caddick-Adams, *Snow and Steel: The Battle of the Bulge, 1944–1945* (New York: Oxford University Press, 2015).
13. Kreipe, *Personal Diary*, 24，原文如下：「元首打斷約德爾。元首決定，自亞爾丁反擊，目標安特衛普。」（Fuhrer interrupts Jodl. Decision by the Fuhrer, counterattack from the Ardennes, objective Antwerp.）我使用的引言出自 Cole, *Ardennes*, 2，其可能取自其他資料來源。
14. Kreipe, *Personal Diary*, 24.

15. 參見 Jacques Nobecourt, *Hitler's Last Gamble: The Battle of the Bulge*, trans. R. H. Barry (New York: Belmont Tower Books, 1967), 39. 該引言取自 Hitler's *Mein Kampf*.
16. Weinberg, Heiber, and Glantz, *Hitler and His Generals*, 540.
17. Kreipe, *Personal Diary*, 24.
18. 參見 "To the Rhine," *New York Times*, November 26, 1944, E1; "Americans Advance on Rhine 'Gateways,' " *Irish Times*, November 28, 1944, 1; and "Two Novembers: Germany's Position in 1918 and 1944," *Manchester (UK) Guardian*, November 13, 1944, 4.
19. "Two Novembers," 4.
20. Freiden and Richardson, *Fatal Decisions*, 231.
21. 本句及下句引言出處：同上，236.
22. Cole, *Ardennes*, 69.
23. 本句及下句引言出處：Freiden and Richardson, *Fatal Decisions*, 233–34.
24. 該段敘述出處：Harry C. Butcher, *My Three Years with Eisenhower: The Personal Diary of Captain Harry C. Butcher, USNR, Naval Aide to General Eisenhower, 1942–1945* (New York: Simon & Schuster, 1946), 722.
25. Caddick-Adams, *Snow and Steel*, 265.
26. 同上。

27. 本句及下句引言出處：Dwight D. Eisenhower, "Eisenhower Vowed Never to Let the Enemy's Bulge Cross the Meuse," *Washington Post*, November 26, 1948, 1.
28. 本句及下句引言出處：Freiden and Richardson, *Fatal Decisions*, 262.
29. Nobecourt, *Hitler's Last Gamble*, 279.
30. "Stimson Says Nazis Losing Great Gamble," *Hartford Courant*, December 29, 1944, 1.
31. 參見 Caddick-Adams, *Snow and Steel*, 348–49.
32. 該事件之描述是參考以下多項資料來源：Trevor N. Dupuy, *Hitler's Last Gamble: The Battle of the Bulge, December 1944–January 1945* (New York: HarperCollins, 1994), 64– 65 and appendix G; Caddick-Adams, *Snow and Steel*, 559–77; and Cole, *Ardennes*, 260ff.
33. 本句及下段引言出處："Malmedy Survivor Recalls Massacre," U.S. Fed News Service, Washington, D.C., December 21, 2007.
34. 參見 Hal Boyle, "Yanks Dig in at Scene of Buddies' Massacre," *Los Angeles Times*, January 15, 1945, 5.
35. 該審判摘要可見 Fred L. Borch III, "The 'Malmedy Massacre' Trial: The Military Government Court Proceedings and the Controversial Legal Aftermath," *The Army Lawyer*, special issue, *Lore of the Corps*, March 2012, 22–27. 審判影片節錄可見 "Malmedy Massacre Trial Uncut," YouTube, 53.12, Lumiere Media, October 2, 2011, https://www.youtube.com/watch?v=u5X0VyAJUOo.
36. United Press, "Laughing Germans Slew Captives, 'Bulge' Massacre Survivors Say," *New York Times*,

May 22, 1946, 4.

37. 參見 Caddick-Adams, *Snow and Steel*, 572，其刊載受指證者名字為 George Fleps。但亦參見 United Press, "Laughing Germans Slew Captives," 4，其刊載受指證者名字為 George Fletz。
38. "Massacre of Yanks Ordered, Panzer Officer Tells Court," *Washington Post*, May 21, 1946, 2.
39. Associated Press, "SS Troops Confirm Massacre Orders," *New York Times*, May 19, 1946, 25.
40. 參見 "Malmedy Massacre Trial Uncut," Lumiere Media.
41. United Press, "SS Blames Hitler in Bulge Murders," *New York Times*, May 18, 1946, 6.
42. 同上。
43. Nobecourt, *Hitler's Last Gamble*, 121.
44. Dupuy, *Hitler's Last Gamble*, 5.
45. Caddick-Adams, *Snow and Steel*, 253.
46. Borch, " 'Malmedy Massacre' Trial," 26.
47. 本段描述資料來源：Robert Daley, "The Case of the SS Hero," *The New York Times Magazine*, November 7, 1976, 32.
48. Paul Webster, "Ex-SS Man Killed by Avengers," *Guardian* (UK edition), July 16, 1976, 2.
49. 參見 Weinberg, Heiber, and Glantz, *Hitler and His Generals*, 468.
50. Thomas Fleming, "A Policy Written in Blood," *Quarterly Journal of Military History* 21, no. 2 (Winter

2009): 28.

51. Associated Press, "Peace Must Let Germans Live, Says Goebbels," *Chicago Daily Tribune*, October 28, 1944, 5.

52. Philip M. Taylor and N. C. F. Weekes, "Breaking the German Will to Resist, 1944–1945: Allied Efforts to End World War II by Nonmilitary Means," *Historical Journal of Film, Radio and Television* 18, no. 1 (March 1998): 7–8.

53. 參見 Butcher, *My Three Years with Eisenhower*, 518.

第 9 章

1. Gary Marx and Tracy Dell'Angela, "2 Paths for Prison Lifers: Wither Away or Adjust," *Chicago Tribune*, January 21, 1996, 1.

2. 本句及下句引言出處︰ Judy Tatham, "Judge: Gruesome Murder Deserves Life," *Herald & Review* (Decatur, IL), September 8, 1990, 3. 該篇文章指出謀殺日期是一九九〇年三月二十五日，是一九九〇年七月起刊登於 *Herald & Review* 一系列文章的最後一篇。本段所描述的謀劃及襲擊細節取自該系列文章。

3. Steven A. Holmes, "Inmate Violence Is on Rise as Federal Prisons Change," *New York Times*, February 9,

1995, A1.

4. 本段資料出處：Alan Abrahamson and Phil Sneiderman, "Inmates Strike over Bid to Curb Conjugal Visits," *Los Angeles Times*, March 1, 1995, 1.
5. Mike Ward, "Behind Bars, 'Predators' Thrive; Board Today Will Examine the Growing Violence in Texas Prisons Such as the Death of Randy Payne," *Austin American-Statesman*, November 17, 1994, A1.
6. "No Escape: Male Rape in U.S. Prisons," *Human Rights Watch Report* (April 2001): 11–12.
7. 同上，13.
8. 同上。
9. 同上，14.
10. Ward, "Behind Bars, 'Predators' Thrive," A1.
11. 本段與下段數據及資料出處："Fact Sheet: Trends in U.S. Corrections—U. S. State and Federal Prison Population, 1925–2017," the Sentencing Project online, June 2019, https://www.sentencingproject.org/wp-content/uploads/2016/01/Trends-in-US-Corrections.pdf.
12. 本段討論及相關引言取自 *Chicago Tribune* 的三篇文章："Guilty Plea in Shooting Death," August 24, 1993, sec. 3, 3; Gary Marx, "Prison Pairing Leads to Slaying," June 9, 2009, 1; and Steve Schmadeke, "Inmate Sentenced in Killing That Changed How Prison System Houses Nonviolent Offenders," January 18, 2012, https://www.chicagotribune.com/news/ct-xpm-2012-01-18-ct-met-inmate-sentenced-0119-

20120119-story.html.
13. 本段及下三段資料與引言（有註記者除外）取自下列文章：Gary Marx, "Prison Experts See Fatal Mistake," *Chicago Tribune*, May 5, 2009, 5; Nicholas J. C. Pistor, "Illinois Reaches Settlement in Menard Suit. Family of Murdered Inmate Alleged Correction Officers Knew He Was in Danger," *St. Louis Post-Dispatch*, January 6, 2009, B3; and "Slain Inmate's Family Awarded $13 Million," *Daily Herald* (Arlington Heights, IL), January 6, 2009, 3.
14. 本句引言出處：Christie Thompson and Joe Shapiro, "The Deadly Consequences of Solitary with a Cellmate," the Marshall Project online, March 24, 2016, https://www.themarshallproject.org/2016/03/24/the-deadly-consequences-of-solitary-with-a-cellmate.
15. Marx, "Prison Experts See Fatal Mistake," 5.
16. 下文生平資料主要取自西維斯坦的訃聞：Sam Roberts, "Thomas Silverstein, Killer and Most Isolated Inmate, Dies at 67," *New York Times* online, May 21, 2019, https://www.nytimes.com/2019/05/21/obituaries/thomas-silverstein-dead.html?searchResultPosition=1.
17. Michael Satchell, "The End of the Line: It's Known Among Its Inhabitants as the Toughest Prison in America. The New Alcatraz. Marion, Illinois," *Parade*, September 28, 1980, 4.
18. 同上。
19. 一九八一年十一月二十二日、一九八二年九月二十七日（下文）等日期取自以下書籍對謀殺案的描述：Pete Early, *The Hot House* (New York: Bantam Books, 1992), 194–207.

20. 同上，202ff.
21. Lynn Emmerman, "2 Racists Suspected in Prison Deaths," *Chicago Tribune*, October 30, 1983, A1.
22. "Life Sentence in Sniper Shootings," *Philadelphia Inquirer*, October 5, 1991, B5.
23. 本句及下段引言出處：James A. Paluch Jr., *A Life for a Life* (Los Angeles: Roxbury, 2004), 175–76.
24. Marx and Dell'Angela, "2 Paths for Prison Lifers, 1.
25. "Life Without Parole: Hope Springs Eternal," *Los Angeles Times*, June 14, 1988, 4.
26. Early, *The Hot House*, 87.
27. 本句引言出處：Marx and Dell'Angela, "2 Paths for Prison Lifers," 1.
28. 同上。
29. 本句及下句引言出處：Patrik Jonsson, "One Warden's Way of Instilling Hope Behind Bars," *Christian Science Monitor*, November 14, 2007, 1.
30. Margaret E. Leigey, *The Forgotten Men: Serving a Life Without Parole Sentence* (New Brunswick, NJ: Rutgers University Press, 2015), 52.
31. Mark D. Cunningham and Jon R. Sorensen, "Nothing to Lose? A Comparative Examination of Prison Misconduct Rates Among Life Without Parole and Other Long-term Security Inmates," *Criminal Justice and Behavior* 33, no. 6 (December 2006): 683–705.

32. 同上，694 and 699.
33. Timothy J. Flanigan, "Time Served and Institutional Misconduct: Patterns of Involvement in Disciplinary Infractions Among Long-term and Short-term Inmates," *Journal of Criminal Justice* 8 (1980): 364.
34. Robert Johnson and Sandra McGunigall-Smith, "Life Without Parole, America's Other Death Penalty," *Prison Journal* 88, no. 2 (June 2008): 331.
35. Paluch, *A Life for a Life*, 98.
36. 本段資料及引言出處： Allison Gatlin, "Soledad Lifers Advise Short-Timers in Prison Program," *Salinas (CA) Weekend Californian*, June 1, 2013, 1A.
37. 參見 Marx and Dell'Angela, "2 Paths for Prison Lifers," 1.
38. 上文引言及描述出處： "Restricted Access Inmates Maintain Course," *Boston Globe*, May 17, 2005, D1.
39. 本句及本段其他引言出處： Shaila K. Dewan, "Golf Course Shaped by Prisoner Hands," *New York Times* online, August 15, 2004, https://www.nytimes.com/2004/08/15/us/golf-course-shaped-by-prisoners-hands.html?searchResultPosition=1.
40. 引言及描述出處： Lou Carlozo, "Prison Blues," *Chicago Tribune*, February 18, 2002, sec. 5, 1.

第10章

1. 本段及以下三段的細節及引言出處：Uli Schmetzer, "Italian Hostage Siege at Impasse," *Chicago Tribune*, August 27, 1987, 8, and United Press International, "Six Prisoners End Elba Siege, Free Hostages," *Los Angeles Times*, September 2, 1987, 2.
2. 本段提及的數字及大規模槍擊案定義出處："The Mother Jones Mass Shootings Data Base, 1982–2019," *Mother Jones* online, https://www.motherjones.com/politics/2012/12/mass-shootings-mother-jones-full-data. 我調整了數字，將大規模槍擊案犯的定義維持在殺害四人，使此二〇〇一年前後的定義一致。二〇一二年歐巴馬政府將定義下修為殺害三人或以上。
3. 我根據大規模槍擊案造成四人死亡的定義來計算二〇〇一年後的數字，使其可與二〇〇一年前的數字相比較。二〇〇一年前的數字未有任何趨勢顯示出，大規模槍擊案有緩慢增加的跡象，二〇〇一年後才出現突然的跳升。尤其是若將二〇〇一年前以六年為單位分成三個時期，各時期大屠殺案年平均數分別為一、二、二件。相較之下，二〇〇一年後的三個六年區間，年平均數則分別為二、四、四件。
4. 本段資料出處：Robert A. Pape, *Dying to Win: The Strategic Logic of Suicide Terrorism* (New York: Random House Trade Paperbacks, 2005), 12–13.
5. 本段資料出處：Iain Overton, "A Short History of Suicide Bombing," Action on Armed Violence

(AOAV) online, August 23, 2019, https://aoav.org.uk/2013/a-short-history-of-suicide-bombings.

6. Pape, *Dying to Win*, 12.

7. Bernard Lewis, *The Crisis of Islam: Holy War and Unholy Terrorism* (New York: Random House, 2003), 144.

8. 出處：Pape, *Dying to Win*, 4.

9. 本句及下句引言出處："Last Words of a Terrorist," *Guardian* (U.S. edition) online, September 30, 2001, https://www.theguardian.com/world/2001/sep/30/terrorism.september113.

10. 本段及下兩段大部分生平資料出處：Terry McDermott, "A Perfect Soldier: Mohamed Atta, Whose Hard Gaze Has Stared from a Billion Television Screens and Newspaper Pages, Has Become, for Many, the Face of Evil Incarnate," *Los Angeles Times*, January 27, 2002, A1.

11. 本句及下句引言出處：Neil MacFarquhar, Jim Yardley, and Paul Zielbauer, "A Portrait of the Terrorist: From Shy Child to Single-Minded Killer," *New York Times*, October 10, 2001, B9.

12. *The 9/11 Commission Report: Final Report of the National Commission on Terrorist Attacks on the United States* (Washington, D.C.: U.S. Government Printing Office, 2004), 164, https://www.9-11commission.gov/report/911Report.pdf，將阿塔和漢堡地區其他炸彈客的激進化歸咎於薩馬爾。

13. Terry McDermott, *Perfect Soldiers: The Hijackers—Who They Were, Why They Did It* (New York: HarperCollins, 2005), 22.

14. 本句與下句引言，以及本段資料出處：Dirk Laabs and Terry McDermott, "Prelude to 9/11: A Hijacker's Love, Lies—Aysel Senguen Saw Her Fiance Fall into Radical Islam. She Knew Something Was Wrong but Had No Idea What Lay Ahead," *Los Angeles Times*, January 27, 2003, A1, Orange County ed.
15. McDermott, *Perfect Soldiers*, 197.
16. 參見 *The 9/11 Commission Report*, 166.
17. Pape, *Dying to Win*, 223.
18. Denis MacEoin, "Suicide Bombing as Worship: Dimensions of Jihad," *Middle East Quarterly* 16, no. 4 (Fall 2009): 18.
19. 本句及下段其他引言出處：Nasra Hassan, "An Arsenal of Believers: Talking to the 'Human Bombs,'" *The New Yorker*, November 19, 2001, 36–41.
20. 同上。
21. Rebecca Leung, "Mind of the Suicide Bomber," *60 Minutes*, aired May 23, 2003, on CBS, https://www.cbsnews.com/news/mind-of-the-suicide-bomber.
22. 參見 Pape, *Dying to Win*, 4.
23. Bernard Weinraub, "India Holds Dozens in Ghandi Killing," *New York Times*, July 14, 1991, A3.
24. John F. Burns, "4 Years After the Killing of Rajiv Gandhi, Doubts Persist," *New York Times*, September

12, 1995, A6.

25. Weinraub, "India Holds Dozens in Ghandi Killing," A3.

26. Hala Jaber, "The Avengers," *Sunday Times* (London), December 7, 2003, Features, 1, as quoted in Debra Zedalis, "Female Suicide Bombers" (research paper, U.S. Army War College, Carlisle, PA, June 2004), https://apps.dtic.mil/sti/pdfs/ADA424180.pdf.

27. 估計數字參見 Pape, *Dying to Win*, 228。

28. 本句及下句引言出處：Kate Fillion, "In Conversation with Mia Bloom: On the Rise in Female Suicide Bombings, How Women Cause More Damage and Why They Do It," *Maclean's*, January 24, 2011, https://www.macleans.ca/general/macleans-interview-mia-bloom.

29. Patricia Pearson, "Hard to Imagine Female Bad Guy? Think Again," *USA Today*, January 30, 2002, A13.

30. 本句及下段引言出處：Jan Goodwin, "When the Suicide Bomber Is a Woman," *Marie Claire* online, January 16, 2008, https://www.marieclaire.com/politics/news/a717/female-suicide-bomber.

31. 本句及本段其他引言出處：Somini Sengupta, "Sri Lanka Rejects Call for Truce, Saying Defeat of Rebels Is Near," *New York Times* online, February 6, 2009, https://www.nytimes.com/2009/02/06/world/asia/06lanka.html?searchResultPosition=1.

32. 參見 Lydia Polgreen, "Tamils Now Languish in Sri Lanka Camps," *New York Times* online, July 12, 2009, https://www.nytimes.com/2009/07/13/world/asia/13lanka.html?searchResultPosition=1.

33. 本句及下句引言出處：Mark Magnier, "Looking to Sri Lanka for Lessons: The Tactics It Used to Defeat Tamil Tiger Rebels Could Help Other Nations Grappling with Insurgencies," *Los Angeles Times*, May 23, 2009, A28.

34. 參見 Alan Dershowitz, *Why Terrorism Works: Understanding the Threat, Responding to the Challenge* (New Haven, CT: Yale University Press, 2002), 172–73.

35. Rebecca Leung, "Mind of the Suicide Bomber."

36. 關於拆屋至少可暫時減少自殺炸彈攻擊數的證據，請參見 Efraim Benmelech, Claude Berrebi, and Esteben Klor, "Counter-Suicide-Terrorism: Evidence from House Demolitions," *Journal of Politics* 77, no. 1 (January 2015): 27–43.

37. 拆屋沿革概述請參見同上出處頁二一九。亦請參見 Naomi Zeveloff, "Israel Is Again Demolishing Homes of Terror Suspects," *Forward*, September 12, 2014, 1.

第11章

1. 該曲名為〈我和巴比〉（Me and Bobby McGee）。一九七〇年十月，賈普林因吸食海洛因過量而驟逝，終年二十七歲。該曲在她過世後於一九七一年發布，收錄於《珍珠》（*Pearl*）專輯。感謝友人艾倫・蕭夫曼（Alan Schoffman）讓我認識這首曲子。

2. Chuck Landon, "Marshall Had Nothing to Lose Against; Herd Wins Coin Toss and Doesn't Defer Kickoff for First Time All Season," *Charleston (WV) Daily Mail*, November 12, 2007, 1B.
3. 同上。
4. 該篇文章及本段引言出處：Milo F. Bryant, "Broncos, Wake Up and Smell the Mediocrity," *Gazette* (Colorado Springs, CO), November 24, 2003.
5. 本句引言及部分生平資料出處：Harry Gordon, "How the Daughter of an Ancient Race Made It Out of the Australian Outback by Hitting a Tennis Ball Sweetly and Hard," *The New York Times Magazine*, August 29, 1971, 10.
6. 本句及下句引言出處：United Press International, "Goolagong Upsets Billie Jean, Plays Court for Wimbledon Title," *Los Angeles Times*, July 1, 1971, D1.
7. Barry Lorge, "Aussie Princess Is Back," *Washington Post*, July 4, 1979, D1.
8. 引言出處：Marian Christy, "Alan Dershowitz for the Defense; Once Harvard Law's Youngest Professor, Alan Dershowitz Loves to Fight People in Power," *Boston Globe*, January 27, 1985, A15.
9. 本句及下段引言出處：John Herbers, "The 37th President; In Three Decades, Nixon Tasted Crisis and Defeat, Victory, Ruin, and Revival," *New York Times*, April 24, 1994, A29.
10. Christy, "Alan Dershowitz for the Defense," A15.
11. Herbers, "The 37th President," A29.

12. 本句及本段其他引言出處：“Here’s the History of the NFL’s ‘Hail Mary’ Pass on Its 41st Anniversary,” *Eyewitness News*, WABC-TV online, December 28, 2016, https://abc7ny.com/hail-mary-football-pass-doug-flutie/1138071.
13. 成功機率的估值（視起投位置而定有所不同），請參見 Brian Burke, “Hail Mary Probabilities,” Advanced Football Analytics, September 25, 2012, http://archive.advancedfootballanalytics.com/2012/09/hail-mary-probabilities.html.
14. 這些數字請參見 “Hail Marys—Just How Improbable Are They?,” September 10, 2015, https://blog.cougarstats.com/2015/09/10/hail-marys-just-how-improbable-are-they.
15. 本句及下句引言出處：Chris Kelly, “McCain’s Hail Mary Pass: Choice of Palin a Desperate Heave Doomed to Fail,” *Scranton (PA) Times-Tribune*, September 7, 2008, D1.
16. Ellen Goodman, “Back to the Future,” *South Florida Sun-Sentinel*, July 10, 2004, 13A.
17. 參見 Michael Tackett, “Assets: Passion for Ideas, Appeal to Minorities,” *Chicago Tribune*, August 10, 1996, 1.
18. Tim Morrison, “A History of Vice Presidential Picks, from the Pages of *Time*: Jack Kemp, 1996,” *Time* online, August 10, 2012, https://newsfeed.time.com/2012/08/11/a-history-of-vice-presidential-picks-from-the-pages-of-time/slide/1996-jack-kemp.
19. 本句及下句引言出處：Robin Finn, “Defying Her Sport’s Logic, A Tennis Prodigy Emerges,” *New York*

Times, September 7, 1997, 1.

20. 本段引言出處：Bill Dwyre, "Venus Is Giving It Her All on Court," *Los Angeles Times*, June 24, 2014, C1.

翻轉學　翻轉學系列 109

逆轉效應

看似勝負已定，但為什麼總有逆轉勝的奇蹟？抓準何時該冒險、何時該謹慎的致勝關鍵

The Power of Nothing to Lose: The Hail Mary Effect in Politics, War, and Business

作　　者　威廉．希爾博（William L. Silber）
譯　　者　方淑惠、林佩蓉
封面設計　張天薪
內文排版　黃雅芬
特約編輯　陳怡潔
行銷企劃　林舜婷
出版二部總編輯　林俊安

出 版 者　采實文化事業股份有限公司
業務發行　張世明．林踏欣．林坤蓉．王貞玉
國際版權　鄒欣穎．施維真．王盈潔
印務採購　曾玉霞．謝素琴
會計行政　李韶婉．許俽瑀．張婕莛
法律顧問　第一國際法律事務所　余淑杏律師
電子信箱　acme@acmebook.com.tw
采實官網　www.acmebook.com.tw
采實臉書　www.facebook.com/acmebook01

I S B N　978-626-349-231-8
定　　價　420 元
初版一刷　2023 年 4 月
劃撥帳號　50148859
劃撥戶名　采實文化事業股份有限公司
104 台北市中山區南京東路二段 95 號 9 樓
電話：(02)2511-9798　傳真：(02)2571-3298

國家圖書館出版品預行編目資料

逆轉效應：看似勝負已定，但為什麼總有逆轉勝的奇蹟？抓準何時該冒險、何時該謹慎的致勝關鍵 / 威廉．希爾博（William L. Silber）著；方淑惠、林佩蓉譯 .-- 台北市：采實文化，2023.4
304 面；14.8×21 公分 .--（翻轉學系列；109）
譯自：The Power of Nothing to Lose: The Hail Mary Effect in Politics, War, and Business
ISBN 978-626-349-231-8（平裝）
1.CST: 風險評估 2.CST: 風險管理
494.6　　112002775